心灵自由之路

THE FLIGHT

OF THE EAGLE

〔印〕克里希那穆提 ——— 著　廖世德 ——— 译

九州出版社 | 全国百佳图书出版单位
JIUZHOUPRESS

图书在版编目（CIP）数据

心灵自由之路 ／（印）克里希那穆提著 ；廖世德译
. -- 北京 ：九州出版社，2022.12
ISBN 978-7-5108-8836-6

Ⅰ．①心… Ⅱ．①克… ②廖… Ⅲ．①人生哲学－通
俗读物 Ⅳ．①B821-49

中国版本图书馆CIP数据核字（2020）第251452号

著作权合同登记号：图字01-2022-4141号

心灵自由之路

作　　者	［印度］克里希那穆提 著　 廖世德 译
责任编辑	李文君
出版发行	九州出版社
地　　址	北京市西城区阜外大街甲 35 号（100037）
发行电话	（010）68992190/3/5/6
网　　址	www.jiuzhoupress.com
印　　刷	三河市国新印刷有限公司
开　　本	880 毫米×1230 毫米　32 开
印　　张	5.5
字　　数	187 千字
版　　次	2022 年 12 月第 1 版
印　　次	2022 年 12 月第 1 次印刷
书　　号	ISBN 978-7-5108-8836-6
定　　价	45.00 元

出版前言

克里希那穆提 1895 年生于印度，13 岁时被"通神学会"带到英国训导培养。"通神学会"由西方人士发起，以印度教和佛教经典为基础，逐步发展为一个宣扬神灵救世的世界性组织，它相信"世界导师"将再度降临，并认为克里希那穆提就是这个"世界导师"。而克里希那穆提在自己 30 岁时，内心得以觉悟，否定了"通神学会"的种种谬误。1929 年，为了排除"救世主"的形象，他毅然解散专门为他设立的组织——世界明星社，宣布任何一种约束心灵解放的形式化的宗教、哲学和主张都无法带领人进入真理的国度。

克里希那穆提一生在世界各地传播他的智慧，他的思想魅力吸引了世界各地的人们，但是他坚持宣称自己不是宗教权威，拒绝别人给他加上"上师"的称号。他教导人们进行自我觉察，了解自我的局限以及宗教、民族主义狭隘性的制约。他指出打破意识束缚，进入"开放"极为重要，因为"大脑里广大的空间有着无可想象的能量"，而这个广大的空间，正是人的生命创造力的源泉所在。他提出："我只教一件事，那就是观察你自己，深入探索你自己，然后加以超越。你不是去听从我的教诲，你只是在了解自己罢了。"他的思想，为世人指明了东西方一切伟大智慧的精髓——认识自我。

克里希那穆提一生到处演讲，直到 1986 年过世，享年 90 岁。他的言论、日记等被集结成 60 余册著作。这一套丛书就是从他浩瀚的言论中选取并集结出来的，每一本都讨论了和我们日常生活息息相关的话题。此次出版，对书中的个别错误进行了修订。

　　《心灵自由之路》收录了克里希那穆提 1969 年在伦敦、阿姆斯特丹、巴黎及瑞士撒宁等地所做的精彩演讲与讨论。它以克氏一贯的亲切态度和循序渐进的启发方式，深入探索了自由的真义、人与思想的关系、何谓爱、恐惧的根源、轮回与转世、意识与潜意识、生与死、暴力的本质、人类根本的改变等问题。

　　克里希那穆提系列作品得到了台湾著名作家胡因梦女士的倾情推荐，在此谨表谢忱。

九州出版社

目　录

译　序

　　这是译者第一次译克里希那穆提的书。关于这个人的身世方面，读者可参阅《人生中不可不想的事》《从已知中解脱》《般若之旅》《人类的当务之急》及《克里希那穆提传》。

　　而我自己，本来不必多言，因为克的言论实在再清楚不过了。不过既是翻译，译者若不发一言，不免有点奇怪，仿佛译者不在场似的。所以，写这一篇短文，亦不过免去这一层缺失罢了。

　　译者小时候是天主教徒。进入青春期以后，随着青春期的开始叛逆，也不再上教堂望弥撒。略长，稍稍知道一点佛教时，稍加比较，便发觉佛教比较亲切了许多。这一两年，有机会接触克里希那穆提，这种亲切感更深了。盖因在他的言论中，佛教那些相对而言浓得化不开的戒律、经论等几乎完全退去。

　　这是我在禅宗的纯粹之外，看到的另一种"直指人心"的言论——但我觉得其实比禅宗更"直指人心"。以我浅薄的无知，我猜想这样的纯粹可能最接近原始的佛陀！

　　当然，任何一种进化总不免"正、反、合"的过程。我看他的言论时，也曾有过"反"的这一段。刚开始看他批判理想主义不免难以接受，看他说所有的宗教都是 nonsence，不免咋舌。但是，后来知道，如他所说，这些都可能妨碍我们认清事实真相。其实，饱受知识训练的人最容易反弹他的言论。这一点我是用心想过的。我想，原因有几个。一个是，知识之为用大矣。我想每个具备相当知识的人——西方所谓 the well-educated——都能够在日常生活中一再发现知识处理生活问题的大用。知识对于日常生活问题差不多可以做到"庖丁解牛"。然而，问题就在这里。就是因为知识太有用了，所以每次的"有用"都在向我们验证知识的有用。于是我们遂对知识深信不疑。不过，我们的心毕竟还是太粗糙了。我们感受到知识的"有用"，但却不知分辨"有用"和"能够传达真相"并不一样。知识确实能够传达相对的、阶段性的真相，不过，终极的、完整的真相，知识确实无能为力。知识——扩而言之，所有的哲学、宗教、制度，凡是成立为一个体系的——在它一定的知识穿透力之外，都有共同的盲点，差别只在于或大或小。这一点可以用一个生活的实例更清楚说明。

在音乐演奏活动和场所并不发达的地区，譬如台湾，如果想听音乐，特别是听古典乐时，一套不错的音响是必要的。问题是，有时候通过音响听到的音乐和原先的演奏却不一样——有时候是传达得没有那么好，有时候却是听起来比较华丽、漂亮。前者可能是因为音响比较差，后者则是出于音响器材的"染色"。请看，技术（亦即知识）确实能够利用精良的零件制造出声音很漂亮的播放机器，有时候甚至比现场还好听。但是，我们知道，不论它多么好听，它绝非原先的演奏。碰到演奏风格矜持冷静的演奏者，这种音响尤其违离原奏甚远。但是，通常这种音响十分能够蛊惑人心。它声音越漂亮，我们就越被蛊惑，也就越不会警觉到这种"染色"。或许心智成熟的人才能警觉、抵挡。

通常，一件事情如果做得漂亮，我们往往以为那也是善的。当知识，乃至于科学，乃至于宗教有那么大的用处时，我们往往以为那也是真的。

圣贤、智慧都好，不过绝圣弃智最难。

廖世德

雄鹰飞行的时候不留痕迹，
可是科学家会。
想探索自由的问题，
不但需要科学的观察，
而且还要像雄鹰般飞行，
不留痕迹。

第一章

自　由

我们的心是受制约的，这是明显的事实。我们的心总是受某种文化或社会的制约，受各种感受，种种关系的紧张与压力，经济、气候、教育等因素，宗教的强制性等等的影响。

思想·快乐·痛苦

对我们大部分人而言，自由只是概念，而非真实的东西。讲到自由，我们要的是外在的自由。我们要的是想做什么就做什么，想怎么想就怎么想，自由地走动，以种种方式表现自己。自由的外在表现好像非常重要——暴君在位、独裁当道的国家尤其如此。有些国家人民有外在的自由，他们有的一直在追求快乐与财富。自由的外在表现对他们似乎也很重要。

但是，我们如果深入地探索自由的意义——内在的、完全的、全体的自由，并从而表现在外在的社会和种种关系之上，那么对我而言，我不禁要问，人的心既然受到这样重重的制约，还可能自由吗？人的心是否只能在它所受的种种制约之内存在、运作，因此绝不可能自由？其实我们已经看到，人的心，说起来是认为这个人世不论内在或外在都无自由可言，所以已经开始发明另一个世界的自由，发明未来的解脱、天堂等等。

但是，且让我们把一切理论的、意识形态的、概念上的自由摆在一边。因为这样我们才能探索自己的心——你的心、我的心——是否能够真正地自由？是否在意识和潜意识深层之上都能够不依赖、不恐惧、不焦虑，也没有那些数不清的问题？人的心是否可能有一种完全的心理的自由，由此而获致一种非关时间的东西，不是思想拼凑出来的，而又不逃避日常生活的现实。人的心如果不在内在上、心理上完全地自由，就看不到真实；看不到有一种现实——它并非由恐惧发明，并非由我们生存的社会或文化塑造；并不是逃避单调的日常生活以及其中的沉闷、孤独、绝望、焦虑。我们如果想要知道是否真有这种自由，就必须先明白我们所受的种种制约、种种问题，日常生活千篇一律的肤浅、空洞、贫乏。但是，最重要的是我们必须先明白自己的恐惧。我们不是要从内省上、分析上明白自己，而是要明白自己是怎样就怎样；要明白是否能够完全没有这些问题来妨碍我们的心。

我们即将开始我们的探索。但是，开始探索之前，我们必须先要自由。要一开始就自由，而非最后才自由。因为，我们必须先自由，才能够探索、研究、检视。要看得深，不但先要自由，而且还要有规律。自由和规律是在一起的(不是先要有规律才能够自由)。我们这里所说的"规律"不是一般的、传统的规律。一般的、传统的规律是求证、模仿、克制、符合模式。我们这里所说的规律是指"规律"最根本的意义。"规律"最根本的意义是"学习"。学习和自由是在一起的。自由有它自己的规律。这种规律不是由心加之于我们，好让我们完成某种结果。自由和学习的行动——这两者是根本的东西。人除非自由了，自由到不落入任何形态、公式、概念地观察自己，否则无从学习自己。这种观察，这种认知，这种看有它自己的规律和学习活动，其中没有雷同、模仿、压制或任何控制。其中还有非凡的美。

我们的心是受制约的，这是明显的事实。我们的心总是受某种文化或社会的制约，受各种感受，种种关系的紧张与压力，经济、气候、教育等因素，宗教的强制性等等的影响。我们的心所受的训练一直是要它接受恐惧，然后，如果可能，再试行逃避。我们从来无法完整而全盘地了解恐惧的本质与结构。所以，这里我们的第一个问题就是：我们的心既然有这么沉重的负担，那么它是否能够解除它的制约；不但如此，是否还能解除它的恐惧？我们之所以这样问，是因为，使我们接受种种制约的，就是恐惧。

不要只是听很多话、很多概念，这些东西事实上毫无价值。我们要借由听的行动，不但口头上，而且在言谈之外，观察自己心的状态；探索我们的心是否能够自由——不接受恐惧，不逃避，不说"我必须鼓起勇气来抵抗"，而是真正明白我们深陷其中的恐惧。我们如果不能免去这种恐惧，就看不清楚，看不深。显然，有恐惧，就无法有爱。

所以，到底心是否能够免于恐惧？在我看来，这个问题对于每一个认真的人都是最根本的问题。这个问题必须问，必须解决。恐惧有生理的恐惧和心理的恐惧。生理上有可怕的疼痛；心理上则有以往痛苦的记忆，并且害怕这痛苦以后还会发生。除此之外，还有老、死的恐惧；身体不健康的恐惧；害怕明天不知道会怎样；担心无法成大功、立大业；害怕没有成就——无法在这个丑恶的世界出头；害怕毁灭，害怕孤独，不能爱或没有人爱，等等。这一切恐惧有意识层面的，也有潜意识层面的。那么，我们的心是否能够免除这一切恐惧？对于这个问题，如果我们的心说它"不能"，它从此就扭曲自己，使自己无能；无能于认知、了解；无能于完全沉默、安静。这种情形就好比心在黑暗中找光，因为找不到，所以就自己发明"光"这一个字、概念、理论。

一颗深深背负着恐惧，连带其所受的种种制约的心，到底如何才能免除恐惧？我们是否不得不接受恐惧，当它是生命无可避免的事物？我们大部分人真的都在接受恐惧、忍受恐惧。我们要怎么办？我这个人、你这个人要如何驱逐恐惧？不但驱逐一种恐惧，而且驱逐所有的恐惧，驱逐恐惧全部的本质与结构？

恐惧是什么东西？（如果我有说恐惧是什么东西，请不必接受。我没有任何一种权威。我不是老师，不是上师。如果我是老师，你就是学生。如果你是学生，你就毁了自己，不再是老师。）这个恐惧的问题，我们努力寻找其中的真相。由于我们的努力这么彻底，所以我们的心就绝不害怕，从而心理和内在都不再依赖别人。自由的美，在于不留痕迹。老鹰飞行的时候不会留痕迹，可是科学家会。想探索自由的问题，不但需要科学的观察，而且还要像老鹰飞行，完全不留痕迹。两者都需要。口头的说明和言谈之外的认知都需要——因为事物的描述绝不是事物本身，事物的说明，显然不是事物本身。文字，绝非事物。

以上这些如果已经清楚，那么我们就可以开始了。我们可以——不经过我，不经过我的话，不经过我的概念或思想——自己解答心是否能够完全免除恐惧的问题。

以上这些如果你没有听清楚，不了解，那么你就无法走下一步。

探索问题，必须自由地看。必须没有成见，没有预设结论，没有概念、理想、偏见。要这样，你才能够真正自己观察恐惧是什么东西。如果你观察得很仔细，是否还会有恐惧？这意思是说，只有观察者非常地"观察"，他才能够看得很仔细。我们将深入其中。那么，恐惧是什么东西？恐惧如何产生？生理的恐惧很明显，容易了解。我们对生理的危害能够马上有反应。因为轻易可以了解，所以不必深入。但是，说到心理的恐惧，心理的恐惧是如何起来的？起头何在？——这才是问题所在。有时候我们恐惧的是昨天发生的事，有时候是恐惧今天或明天要发生的事。有时候我们害怕已知的事，有时候害怕未知的事——明天。我们自己看得很清楚，恐惧是由思想结构产生——是因为想到昨天发生的事害怕，想到明天而害怕产生的，对不对？思想滋长恐惧，不是吗？让我们非常肯定。不要光是接受我的话，思想是不是恐惧的源头，这个问题你要自己绝对肯定。想到痛苦，想到不久前有过的精神痛苦，我们不要它再发生，不愿再想起。这一切，想起来就滋生恐惧。

若还想走下去，我们就必须看清楚。想到意外事故、经验，想到一种困扰、危险、悲伤、痛苦的情况，都会带来恐惧。思想，由于已经从心理上建立了某种安全感，所以就不想再受打扰。任何一种打扰都是危险，这一想就有了恐惧。

思想背负了恐惧。同理，思想也背负了快乐。我们如果有过快乐的经验，一想到它，我们就要它永远存在。一旦不可能，我们就开始抗拒、生气、绝望、恐惧。所以，思想不但背负恐惧，也背负快乐，不是吗？这个结论可不是说说而已。这也不是逃避恐惧的公式。事情是，有快乐，思想就衍生出痛苦与恐惧。快乐与痛苦同在，两者不可分。思想背负了两者，如果没有明天、没有下一刻让我们想到恐惧或快乐，那么两者都不会存在。讲到这里，我们是否还要继续？你是否已经发现一件事？这件事不是概念，而是真实的事物。因为是真的，所以你从此可以说，"我发现思想滋长了快乐与恐惧"？你有性的欢愉和快乐。你后来在想象中想到这种快乐。一想到它，你就给这种想象中的快乐增加了力道。所以，这种快乐一旦受阻，你就痛苦、焦虑、恐惧、嫉妒、苦恼、生气、残暴。但是，我们并不是说你绝对不能有快乐。

福佑不是快乐，喜悦也不是思想带来的，这完全不一样。只有了解思想——既滋长快乐，也滋长痛苦——的本质，才能够有福佑和喜悦。

所以，问题来了：我们能够不思想吗？如果思想既滋长恐惧，也滋长快乐——因为有快乐就有痛苦，很明显——我们就会问，思想能够停止吗？这停止不是指不再感受美、享受美。看见一朵云、一棵树的美而充分地、完整地享受这种美；但是，由于思想想要明天再体验相同的美，体验看见那云、那树、那花、那美丽的容颜的快乐，于是便招来失望、痛苦、恐惧、快乐。

所以，思想到底能不能够停止？也许这个问题是一个全然错误的问题？喜悦与福佑不是快乐；而由于我们想体验喜悦和福佑，所以这问题其实是错误的问题。我们如果停止思想，为的就是希望遇见一种广大的事物，一种非恐惧与快乐之产物的东西。不是思想如何停止，而是思想在生活中有什么地位？思想与行动和不行动的关系如何？如果行动是必要的，那么思想与行动的关系如何？我们既然能够享受完整的美，为什么还会有思想存在的余地？因为，毕竟，如果思想不存在，也就带不到明天去。我很想知道，既然山的美、容颜的美、水的美，我们都能完整地享受，那么为什么思想还要来扭曲这种美，说什么"我明天一定还要这么快乐"？我很想知道思想与行动的关系如何。我很想知道，如果我们完全不需要思想，思想是否还需要来干涉。我看见一棵树，一片树叶都没有，在天空中衬托得很美丽。这就够了。但是，为什么思想还要来说，"我明天一定还要这么快乐"？

除此之外，我知道思想还必须在行动中才能运作。行动方法即思想方法。所以，思想和行动真正的关系到底如何？事情是这样的——行动依据概念，依据观察。我有一个概念或观念，认为应该做什么事；认为事情怎么做才接近这个概念、观念、理想。所以，行动和概念、理想、"应该"之间是有区别的。有了区别，就有冲突。我问我自己说："思想对行动的关系如何？"如果行动和观念有别，那么行动就不完整。那么，是不是有一种行动是思想看见了事物而行动瞬间随之，所以就没有另外的观念、意识形态成为行动的依据？是不是有一种行动是"看见"即是行动——想就是行动？我看见思想滋长恐惧和快乐；我看见快乐在痛苦就在，所以就会抗拒痛苦。这些我看得很清楚。看见这一点是当下的行动。看见这一点显然涉及思想、逻辑、思考。然而，看见这一点却是瞬息，行动就是瞬息——所以也就得以免除恐惧。

我们讲这些，我们彼此之间是否有沟通？这很难，慢慢来。请不要轻易地说"有"。因为，如果你说"有"，那么，等一下你走出讲堂，你必定免除了恐惧。但是，你说的"有"，其实只是表示你的了解是口头上、理智上的——根本不算什么。你我今天上午在这里讨论恐惧的问题，那么，你一离开这里，就应该完全免除恐惧才对。所谓"完全免除恐惧"，意思是说，你已经成为自由的人，换了一个人，完全转变——不是明天转变，而是现在转变。你清楚地看见思想滋长恐惧与快乐。你看见我们所有一切的价值观——道德、伦理、社会、宗教、精神——全部都是依恐惧与快乐而定。你如果认知了这个真相——看见这个真相，你一定非常清楚，很逻辑、很健康地观察了思想的每一个动作——那么这个认知便是完整的行动，所以，等一下你走的时候，你必然完全没有恐惧——如若不然，你就会说："明天，我要如何才能够免于恐惧？"

思想必须在行动中才能运作。你要回家，你就会想，是坐公车呢，还是火车？上班，你就会想，工作要有效率、客观、对事不对人、不论情面。这种思想很重要。但是，如果思想是要推戴你的经验，是要借着记忆将经验带向未来，那么，这个行动就是不完整的，所以就有抗拒。

讲到这里，我们可以谈下一个问题了。这么说吧，"思想的起源是什么？想的人是什么人？"我们知道思想是由知识、经验作为一种记忆的累积而产生的反应。思想对于任何刺激即是以此为背景而生反应。如果有人问你住在哪里，你立刻就会有反应。记忆、经验、知识即是一种背景，思想由这个背景而生。所以，思想从来就不是新的，思想永远都是旧的。由于思想系于过去，并因此而看不见任何新事物，所以思想永远不得自由。我只要明白这一点，很清楚地明白这一点，我的心就安静了。生活是一种运动，在关系中不断地运动；而思想总是将这运动掌握为"过去"——譬如记忆——所以永远喜欢生活。

明白这一切：明白若要检视，须有自由（而且若要仔细地检视，需要的不是克制和模仿，而是学习）；明白我们的心是如何受社会、过去的制约；明白一切由脑源生的思想都是旧的，无法了解新事物——明白了这一切，我的心将完全安静下来，这安静不是控制下来、塑造出来的安静。要让心安静下来，没有什么方法或系统——不管是日本的禅学、印度的某一系统都是这样。用戒律使心安静下来——让心做这种事最笨不过了。明白这一切——真正的看见，不光是理论上知道——就会产生一种行动。这种明白是解除恐惧的行动。所以，只要有恐惧产生，就立刻会有这种认知，也就立刻结束恐惧。

爱是什么东西？对大部分人而言，爱是快乐，所以就是恐惧。这就是我们所谓的爱。我们一旦明白恐惧和快乐，那么，爱是什么？谁来回答这个问题——我、某个僧侣、这本书？是不是要有一个外在的机关来告诉我们说我们做得很好，继续下去？或者，那是完整的检视、观察，看见快乐、恐惧、痛苦整个的结构与本质以后，我们才发现这个"观察的人""想的人"即是思想的一部分。不然，就没有"想的人"，两者不可分；想的人就是思想本身。明白这一点，此中有美和巧妙。这样说来，探索恐惧的这个心又在哪里？你们知道吗？心既然已经通过这一切，那么现在心的状态如何？现在的心跟以前的心状态一样吗？心已经密切地看见这所谓思想、恐惧、快乐的东西，已经看见这东西的本质，已经看见了这一切，那么它目前是什么状态？显然，这个问题除了你自己，没有人能够回答。但是，你只要深入其中，你就知道它已经完全转变。

问：（沉默）

克：问问题最简单不过了。我讲话的时候，可能有的人一直在想我们的问题是什么。我们关心的是问题而不是"听"。我们必须问自己的问题，不只是现在，什么时候都一样。问"对"问题比得到答案重要多了。解答问题，在于了解问题。答案不在问题之外，在于问题之内。如果我们关心的是答案，是解答，我们就无法仔细地检视问题。我们大部分人都急切地想解决问题，所以看不到问题里面。要看到问题里面，必须要有力、勇猛、热情，而非怠惰、懒散——但我们大部分人是如此。我们若想解决问题，必须变成另外一个人。不论是政治、宗教、心理，我们的问题不是由谁来解答。我们必须先拥有极大的热情和生命力，精进地看待问题，观察问题，然后你会发现答案其实清楚地显现在那里。

但我的意思并不是说你们绝对不要问问题。你们要问问题。你们必须怀疑每一个人说的每一件事——其中包括我在内。

问：检讨个人的问题会不会有太过内省的危险？

克：为什么不要有危险？十字路口就有危险。你的意思是不是说，因为"看"有危险，所以就不要"看"？记得有一次——容我叙述一件事——有一个有钱人跑来找我们。他说："我对你们谈的事情很认真，很关心。我要解决我所有的'这个和那个'。"——你们知道，就是一般人那些奇奇怪怪的事情。我说："好，先生，让我们来解决吧！"于是我们开始谈。他总共来了几次。第二个星期，他对我说："我一直在做噩梦，很吓人的梦。我看身边的事物好像都在消失；所有的东西都走了。"然后他说："这可能是我探索自己的结果。我看这很危险。"从此再也没有来过。

我们每个人都希望安全，都希望自己的小世界是"秩序井然"的世界，其中平安无事。但这个世界就是没有秩序。我们的世界是某种关系的世界，我们都不希望这种关系受干扰——先生和妻子的关系使他们紧密结合；但这一层关系里有悲伤、疑虑、恐惧、危险、嫉妒、愤怒、支配。

但是，的确有一种方法可以看待我们自己而无恐惧，无危险。这种方法就是不要有任何怨恨，任何道理。你就是看，不要解释，不要判断，不要评价。要做到这一点，我们的心必须渴望看到"实然"。那么，观察这些实然，根除这种恐惧会有什么危险——是因为我们带来另一种社会、另一种价值观吗？观察实然，心理上、内在地看见事物的实然，有一种高度的美。这并不是说事情是怎样我们就怎样接受，这也不是说我们对实然应该怎样或不该怎样。因为，光是认知实然，就会产生突变。但是我们必须先懂得"看"的艺术，而"看"的艺术绝非内省的艺术、分析的艺术，而是不做选择地观察。

问：难道没有一种自发性的恐惧吗？

克：你说这是恐惧？你看见火烧起来，你看见悬崖，你就跳开，那是恐惧吗？你看见野兽，看见蛇，你就逃走，那是恐惧吗？——那是不是知识？这种知识是制约的结果，因为你一直受制约要避开危险的悬崖；因为如果你不避开，你就会掉下去，那么一切都完了。你的知识告诉你要小心，这种知识是恐惧吗？但是，我们大家分别彼此的国籍、宗教的时候，那是知识在运作吗？我们在分别我和你、我们和他们的时候，那是知识吗？这种分别，这种造成危险、区分人的分别，这种造成战争的分别，其中运作的是知识还是恐惧？那是恐惧，不是知识。换句话说，我们分裂了自己。我们自己的一部分，必要的时候会依照知识行动——譬如避开悬崖、汽车等。但是，我们却没有明智到懂得民族主义的危险，人与人之间有所分别的危险。所以，我们身上有一部分——很小的一部分——很明智，其余的则不然。分裂的所在，即有冲突，即有悲惨之事。分裂、我们心中的矛盾，即是冲突的本质。这种矛盾无法整合。我们要整合的是自己心中的某种"毛病"。我自己也不知道这怎么说。将两种分裂的、对立的质素整合起来的，会是谁？这个整合者难道不是分裂的一部分？我们只要看见全体、认知全体，不做任何选择——就没有分裂了。

问：正确的思想和正确的行为之间有什么差别？

克：你只要在思想和行为之间用到"正确"这个字眼，"正确"的行为就成了"不正确"的行为——不是吗？你用"正确"这个字眼时，你心中已经有了何谓正确的概念。你有了所谓"正确"的概念，这个概念就"不正确"了。因为，这个"正确"是依据你的成见、制约、恐惧、文化、社会、癖好、宗教等成立的。你有标准，有模式。这个模式本身就是不正确、不道德的。社会的道德观并不道德。你同意吗？如果你同意，那么你就排除了社会道德——这社会道德指的是贪婪、嫉妒、野心、国籍分别、阶级崇拜等一切。但是，你说你同意时，你真的已经排除了社会道德吗？社会道德是不道德的——你真的同意吗？或者你只是说说而已？先生，真正的道德、真正的德性是生命最不凡的一件事。这样的德性与社会的、环境的行为完全无关。真正的德性必须完全自由。但是，只要你遵循的还是社会的道德——贪婪、嫉妒、竞争、崇拜成功——你就不自由。你所知道的这一切道德都是教会和社会推崇的、认为是道德的。

问：但是，我们只能等待这种"明白"自然发生吗？或者我们可以利用什么规律使它发生？

克：我们需要利用什么规律才会知道"明白"是一种行动吗？我们需要吗？

问：请你谈一谈安静的心——心静是规律的结果，或者不是？

克：先生，你看：士兵在训练场上，他很安静，腰背挺直，枪抓得笔直。他每天操练，每天操练。他身上的自由毁了。他很安静，可是他是安静的本身吗？你看小孩子，全神贯注玩玩具，这就是静吗？——拿走他的玩具，他就原形毕露了。所以，规律（先生，请你务必了解规律，永远的了解，这不难），规律会带来安静吗？规律会造成呆滞，造成停顿，但是会带来安静——非常积极，而又安静的安静吗？

问：先生，你希望我们这些人在世界上做什么事情？

克：很简单，先生。我什么都不希望，这是第一点。第二，生活，活在这个世界。这个世界美得神奇。这个世界是我们的，这是我们依恃而活的世界。可是，我们不会生活，我们很狭隘，我们相互隔离。我们焦虑。我们是惊吓的人。所以我们不生活，我们与他人没有关系，我们是孤立、绝望的人，我们不知道所谓活在喜悦、福佑中是什么意思。我说，我们只有免除生活中的种种愚昧，才能够这样活。要明白我们的种种关系——不只是人与人的关系，还有人与观念、与自然界、与一件事物的关系——唯一的可能就是免除生活中的一切愚昧。我们在这种关系中发现自己的实然，自己的恐惧、焦虑、绝望、孤独，发现自己极度缺乏爱。我们脑子里都是理论、语言、知识。那都是别人说的。我们对自己一无所知，所以我们不知道如何生活。

问：你如何用人脑解释意识的各个层次？人脑似乎是自然之物，心似乎不是自然之物。除此之外，心好像还有意识的部分，有潜意识的部分。我们如何才能够多少看清楚这些？

克：心和脑之间有什么差别，先生，你是问这个吗？实际的、自然的脑是过去的结果，是几千亿个昨天，连带记忆、知识、经验的产物。这个自然的脑，不是整个心——有意识层、又有潜意识层的心——的脑的部分吗？自然与非自然——心理——不是一个整体的全部吗？将心分为意识和潜意识，分为脑和非脑的，不正是我们自己吗？我们难道就不能看整体是整体，不分裂吗？

潜意识和意识差别很大吗？或者潜意识并非整体的一部分，而是我们的分别？这里产生了一个问题：意识的心如何知道潜意识的心？偶然的运作——那些日常生活的事物——能够观察潜意识吗？

我不知道我们还有没有时间讨论这些。

你们累不累？各位，请不要将这看成消遣——坐在温暖的室内，听人讲话。我们讨论的是严肃的事情，如果你们今天有工作——应该的——那么你们一定累了。人脑超过一个量就无法再接受事物。然而讨论意识和潜意识却需要一颗敏锐、清楚的心。我很怀疑经过了一个半小时后，你们还能够这样。所以，如果你们同意的话，我们是不是可以以后再讨论这个问题？

伦敦·1969 年 3 月 16 日

第二章

支离破碎

对我而言，"完整"——拼合所有片段而成一个整体——这个观念并不聪明，因为这个观念另外蕴含一个"整合者"的意思。这个整合者整合、拼凑所有的片段。然而，要做这种事，这个实体的本身就是一个片段。

分裂·意识与潜意识·不知"所知"

　　今天晚上我们要谈的是意识和潜意识，表面的心和深层的意识。我真不知道我们为什么要把生活分解得支离破碎——上班生活、社交生活、家庭生活、宗教生活等等。为什么不但我们自己，连社会生活上都有这种分别——我们和他们、你和我、爱和恨、死和活？我认为我们应该深入探讨这个问题，看看能不能找到一种完全没有生与死、意识与潜意识、上班生活与社会生活、家庭生活与个人生活分别的生活方式。

　　国家、宗教的分别，个人之内一切矛盾的分别，我们为什么要这样生活？这种生活带来了动乱、冲突、战争，带来了真正的不安，外在内在皆然。种种的分别——上帝与魔鬼、恶与善、"实然"与"应然"——太多了。

　　我想，将今天晚上用来寻找一种生活方式是值得的。这种生活方式，不是理论，不是知识，而是实际上没有任何分别。这种生活方式，行为不支离破碎，所以是一个持续不断的流。这个流中每一个行为都和其他行为有关。

　　要寻找这种不支离破碎的生活方式，我们必须深入爱与死的问题，明白我们可能找到一种生活方式是持续不辍地动，不破碎。这是一种高度聪明的生活方式。支离破碎的心缺乏的就是聪明。过着"半吊子"生活的人，大家认为高度道德的人，显然缺乏的就是这种聪明。

对我而言，"完整"——拼合所有片段而成一个整体——这个观念并不聪明，因为这个观念另外蕴含一个"整合者"的意思。这个整合者整合、拼凑所有的片段。然而，要做这种事，这个实体的本身就是一个片段。

我们需要的是这样的一种聪明与热情，从而创造一种个人生活的根本革命，从而使行为不再矛盾，而是完整的、持续的动。要创造这种生活的变化，必须要有热情。我们只要想做什么有价值的事情，都必须先有高度的热情——这种热情不是快乐。要了解一种不支离破碎、没有矛盾的行为，也要有这种热情，知识的概念和方式改变不了我们的生活方式。要改变生活方式，只有先了解"实然"；要了解实然，就先要勇猛，要热情。

我们必须先了解快乐的本质，才能够找到一种生活方式——不是修道生活，而是日常的生活方式——拥有这种热情与聪明。前几天我们讨论过快乐的问题。我们讨论过思想如何延续为经验，经验使我们拥有一刻的快乐。我们讨论过因为想到快乐而使快乐延续。快乐之所在，亦必受限于痛苦与恐惧。爱是一种快乐吗？我们大部分人都是依据快乐建立道德观。牺牲自己、克制自己以与别人相同，皆为追求快乐——想要伟大、高贵。爱是快乐吗？我们现在看到的，又是一个负担过重的字眼。我们每一个人，从政治家到夫妻，都在用"爱"这个字。在我而言，就爱最深刻的意义来说，只有爱才能带来一种毫不支离破碎的生活方式。恐惧是快乐的一部分。显然，关系中只要存有恐惧，不论这种恐惧为何，这关系所在必然支离破碎，必然分裂。

这真是一个深刻的问题。人的心为什么总是分裂而与他人对立，并且由此而造成暴力，企图由暴力达到某种东西？人类的生活方式导致战争，可是却又向往和平，向往自由。可是这和平却只是一个概念，一种意识形态。我们所做的一切统统都在制约我们自己。

人心有种种"分裂"。譬如在心理上分裂时间。时间在我们心里分裂成过去（昨天）、今天、明天。但是，如果我们想要找到一种没有分裂的生活方式，我们就必须努力探索这个问题。我们必须思考，时间——分为过去、现在、未来的心理时间——是否即是这种分裂的原因。分裂是不是已知事物——成为过去的记忆，成为脑的内容——造成的？或者，之所以分裂，是因为"观察者""经验者""想的人"总是与他观察、经验的事物互相隔离所致？或者，之所以分裂，是因为种种自我中心的行为——所谓的"你"或"我"，制造了自己的孤立行为、抗拒——造成的？"观察者"与被观察的事物有所隔离、经验者与经验有别、快乐，这一切是否与爱有关——凡此种种，若欲探讨分裂，必须先弄清楚。

是不是真有心理上的明天——真正的心理的明天，不是由思想发明的？年鉴时间确实有明天，但是心理上，内心里，是否真的有明天？观念上有明天，那么行为就是不完整的，这个不完整的行为就造成分裂、矛盾。"明天""未来"这个观念，能不能使我们看清楚事物当下的状况——能不能？"我希望明天再看清楚一点。"我们很懒。我们没有热情，缺乏高度的关切去弄清楚问题。思想发明了"终将到来""终将了解"的概念。这一来，时间就成为必要，太多的日子就成为必要。时间会使我们了解事物，看事物很清楚吗？

我们的心可以没有过去，因而不受时间的拘束吗？明天在心理上属于已知，那么，我们的心有没有可能免除已知？行为有没有可能不属于已知？

最难的事情是沟通。口头的沟通显然必要，但是我想还有一种深层的沟通。这种深层的沟通不但是口头上沟通，而且还相投——沟通双方属于相同的层次，同样的密度，同样的热情。这种相投比纯然口头的沟通重要多了。我们如果讲的是一种很复杂的东西，一种深深触及日常生活的东西，那么其中必然不只是口头的沟通，而且还相投。我们关切心理上根本的革命，不是多久以后的革命，而是今天、现在的革命。我们关心的是：人类的心饱受制约之后，是否可能立即改变，从而使它的行为恢复为连续的整体，不支离破碎，并消弭它的悔恨、绝望、痛苦、恐惧、焦虑、罪恶感。心如何抛除这一切，而一变成为全新、年轻、纯真？这才是真正的问题。我认为，这种根本的革命，只要我们的心还分裂成"观察者"与被观察者，分裂成经验与经验者，就不可能。这种分裂造成了冲突。所有的分裂都必然造成冲突。冲突、斗争、战斗虽然可能造成一些粗浅的改变，可是在深层的心理上则绝无可能造成任何改变。所以，心（心肠和大脑）这整体的状态，如何处理分裂问题？

我们说我们要讨论意识和深层的潜意识，我们问为什么有这种分裂：一方面是意识心（其中充满了日常行为、烦恼、问题、浅薄的快乐、谋生），另一方面是深层的潜意识心（其中隐藏着种种动机、欲望、要求、恐惧）。为什么会有这种分裂？这种分裂的存在，是不是因为我们一直浅薄地喋喋不休，一直在宗教和其他方面欲求浅薄的惊喜、消遣？我们这浅薄的心，在有这种分裂的时候，根本无法深入发掘自己。

深层的心有什么内容？我们不要照弗洛伊德等心理学家的看法——如果你未曾听别人怎么说，你又要如何去发现？你如何寻找你的潜意识是什么东西？你会注意你的潜意识，会不会？你是否期望你的梦能够解释你的潜意识？专家呢？他们照样受到他们自己"专门化"的制约。也有人说，可不可能完全没有梦——当然，除了吃错东西，吃太多肉所以做噩梦之外？

潜意识——我们暂时用这个字眼——是有的。潜意识是怎么形成的？显然是过去的种种形成的：一切种族意识、种族残余、家族传统、宗教和社会的制约——它们是隐藏的，晦暗的，未发现的。如果没有梦——或者不去找精神分析医生——这一切是否可能暴露、发现？没有梦，心确实睡着了，就很安静，不再一直活动。那么，如果心安静了，一种完全不同的质素，一种与日常的焦虑、恐惧、烦恼、问题、欲求完全无关的质素是否就不再能够进入心里？要解答这一点，发现这一点——也就是，因为完全没有梦，所以心早上醒来时完全新鲜——是否可能，我们必须在白天就很留心，留心种种线索、踪迹。这一切只能在种种关系中发现。你观看自己与他人的关系，没有怨恨、判断、评价；你观看自己的行为，自己的反应，光是看着而没有任何选择。这样，所有隐藏的、潜意识的，在白天亦将暴露。

我们为什么赋予潜意识这么深刻的意义？潜意识和意识毕竟一样无足轻重。如果意识心异常活跃，一直在观、听、看，那么，意识心就比潜意识重要得多。在这种情形下，潜意识的一切内容将完全暴露，各层次间的分裂亦将终止。坐公车的时候，跟自己的太太、先生谈话的时候，办公的时候，写字的时候，孤独的时候（如果你曾经孤独，看看自己的反应）。那么，这整个观察的过程，这个看的行动（其中没有"观察者"和"被观察者"的分别）将使矛盾停止。

如果这一点多多少少清楚了，那么我们就要问：爱是什么？爱是快乐吗？是嫉妒吗？是占有吗？爱是丈夫支配妻子、妻子支配丈夫吗？当然，这一切无一是爱。可是我们身上却背负了这一切，然后告诉我们的先生或太太或什么人说："我爱你。"再来，我们大部分人，不论是这样的嫉妒或那样的嫉妒，总是嫉妒别人。嫉妒来自比较、衡量，来自希望不同于现状。那么，我们是否可能实然地看见嫉妒，因而永远不再嫉妒，因而完全免于嫉妒？如果不能，爱就永远不存在。爱，非关时间；爱，不能耕耘；爱，非关快乐。

再来，死是什么？爱与死之间的关系如何？我想，只要我们了解死的意义，我们就会发现两者的关系。要了解死，显然必须了解生。我们的生到底是什么东西？这个生是日常生活的生，不是意识形态的、知识的"生"。我们以为这种生应该就是生，但其实是假的生。我们的生到底是什么？我们的生就是日常冲突、绝望、寂寞、孤独的生。我们的生活，不论睡或醒，都是一个战场。我们利用各种方式，借着音乐、艺术、博物馆、宗教或哲学的排遣，构筑理论，沉浸于知识等，企图结束这种冲突，封闭这个一直给我们悲伤，我们称之为生活的战场。

生活的悲伤可能结束吗？我们的心若不根本改变，生活就没有什么意义——每天上班，谋生，看几本书，也能够聪明地引用别人的话，资讯充分——可是这生活是空虚、中产阶级的生活。然后，如果有人发现这种情形，他就开始发明一种生活意义，找一点意义来给生活，他会去找聪明的人来给他生活的意义和目的。这又是另一种逃避。这种生活必须做根本的转变。

为什么我们都怕死？我们大部分人都怕死。我们怕什么？请你看看你称之为死亡的那种恐惧——你害怕抵达那个你称之为生活的战场的终点。我们害怕未知，害怕可能发生什么事。我们害怕离开已知的事物：家庭、书、住宅、家具、身边的人。已知的事物我们害怕放手。可是，这已知的事物是悲伤、痛苦、绝望，偶尔有一些快乐的生活。这不断的挣扎永无休止——这我们称之为生活，可是我却害怕放手。害怕这一切会结束的，不就是这一切累积出来的"我"？所以这个"我"需要未来的希望，所以需要来生。来生的意思就是说你下一辈子会爬得比这一辈子高。这一辈子你是洗碗工，下一辈子就是王子等等。至于洗碗，另外有人会替你洗。相信来生的人，这一辈子对他很重要。因为，你的下一辈子都要看这一辈子你的所作所为、你的思想、你的行动而定。你不是得好报，也不是得恶报。但是，事实上他们并不在乎自己的行为如何。对他们而言，这只是一种信仰，一如相信天堂、上帝，随便你喜欢。事实上，真正要紧的是你现在、今天怎样，是现在、今天的所作所为；不但外在，而且包括内在。至于西方，西方人也有他们安慰死亡的方法。西方人将死亡合理化。他们有他们宗教的制约。

所以，到底死是什么，是结束吗？有机体会结束，因为有机体会老，会生病，或发生意外。我们很少人老了还很漂亮的，因为我们都是受苦的事体。我们一老，脸就显示出来。另外，老了还有回忆的悲伤。

我们可能心理上每天都免于一切"已知"吗？除非我们有免于"已知"事物的自由，否则永远掌握不到那"可能的"事物。本来，我们的"可能性"一直都局限在已知事物领域之内，可是一旦有了这种自由，我们的可能性就广大无垠。所以，我们可不可能在心理上免除我们的过去，免除一切执着、恐惧、焦虑、虚荣、骄傲？完全免除这一切，所以隔天醒来成为新鲜的人？你会说："这怎么做？有什么方法？"这没有什么方法，因为"方法"意味着明天，意味着你要不断地修炼，最后，明天，很多个明天之后，终于练成某种东西。但是，你是否现在就能够看清楚一个真相——实际地看，不是理论地看？这个真相就是，除非心理上终止过往的一切，否则我们的心不可能新鲜、纯真、年轻、有活力、热情。但是我们却不愿意放弃过去的一切，因为我们自己就是过去的一切。我们所有的思想以过去为基础。我们所有的知识都是过去，所以我们的心放不掉。不论它做过什么努力想要放弃，这努力仍然是过去（希望成就另一种状况的过去）的一部分。

心必须非常安静。而且，只要心里清楚整个问题，就会非常安静，没有抗拒，没有任何体系。人一直在追求不朽。他画画，签个名字，那就是追求不朽的方法。人总是想留下自己的什么东西，所以留下他的名字。他必须给的，除了技术性知识之外，他有什么能给？心理上他是什么？你和我，我们是什么？你银行的存款可能比我多，你可能比我聪明，你可能比我这样或那样。可是，心理上，我们是什么？一大堆话、记忆、经验，以及我们想传诸子孙、写成书、画成画的一切，以及"我"。这个"我"极为重要。这个"我"与社群对立；这个"我"，要认同自己，要实现自己，要成为某种伟大的人、事，你们知道，想要成为所有的一切。你观察这个"我"，你看见的一大捆记忆和空洞的话，我们执着的就是这些；这就是你和我之间，他们和我们之间那种隔离的本质。

如果你了解这一切，不经由别人，经由自己，不判断，不评价，不压抑，只是观察，仔细地看，你就会知道，只有有死，才可能有爱。爱不是记忆，不是快乐。据说爱和性有关，这又回到欲爱和圣爱；取其一，则另一就分裂了。当然，这些都不是爱。除非告别过去的一切，告别一切劳苦、冲突、悲伤，我们不可能完全地、整体地触及爱。告别过去的一切，然后才有爱，然后才能从心所欲。

前几天我们说过，问问题很容易，但是有目的地问问题，并且紧紧抓住问题，直到自己完全解决它，这是很难的。这样问问题非常重要，随意地问就没有什么意义。

问：如果你没有"实然"和"应然"之间的分别，你应该满足了。你就不用再担忧那些烦人的事情发生。

克："应然"的实相如何？"应该"到底有没有实相？人很暴戾，可是他的"应然"却很和平。"应然"的实相如何？我们为什么又会有"应然"？如果要这种分别消失，是不是我们就应该满足、接受一切？是不是因为我已经有非暴力的理想，所以我就应该接受暴力？非暴力从最古老时期就有人宣扬：慈悲，勿杀生等等。可是事实是，人还是很暴戾。这就是"实然"。如果人认为这种事难免，所以接受，他就会满足。他现在就是这样。他接受战争，认为那是一种生活，而且，纵使宗教、社会等有一千种制裁一直在说，不论是人或动物，都"不要杀生"，他还是杀动物来吃。他参加战争。所以，如果完全没有了理想，你就只剩下"实然"。那么，你满意这"实然"吗？或者你要有精力、兴趣、生命才能解决这"实然"？非暴力的理想是不是在逃避诸般暴力的事实？如果心不逃避，而对暴力的事实，知道它是暴力，但不怨恨，不判断，那么，一定的，这样的心将会有一种完全不一样的质素，然后不再有暴力。这样的心并不接受暴力。暴力不只伤人、杀人：暴力还是同意、模仿、顺从社会道德或某人的道德观时的一种扭曲。任何一种控制、压制都是扭曲，所以都是暴力。当然，想了解"实然"，想了解到底真相如何，必然就有一种紧张，一种戒慎。我们的真相，就是人用民族主义制造出来的分别，这就是战争的主因。我们接受这种分别，我们崇拜国旗。此外还有宗教制造的分别：我们是基督徒、佛教徒，这个徒，那个徒。我们难道不能观察事实，借此而免于"实然"的限制吗？要想不受"实然"的限制，心就必须不扭曲它观察的事物。

问：概念的看和真正的看有何差别？

克：你看一棵树是概念的看还是真正的看？你看一朵花，是直接看，还是通过某种知识——植物学、非植物学——的荧幕，或者它给你的愉快看？你怎么看？如果你是概念的看，也就是说，如果你是通过思想看，那么你看见了吗？你看见你的先生、你的太太吗？你是否在看他或她在你心中的形象？这个形象就是你概念的看时的概念。可是，如果完全没有形象，你就是真正的看，你们就真正有关系了。

这样说来，制造这种形象，使我们无法真正看树，看妻子、先生、朋友及一切的事物，是怎样的机制？我希望我说的不对，可是，显然你对我有个形象，没有吗？如果你有我的形象，你就不是真正在听我讲话。譬如你看你的先生、太太或什么人，如果你是通过形象看他，你就不是真正在看这个人。你是通过形象看这个人，所以你们之间没有真正的关系。你可以说"我爱你"，可是这一点意义都没有。

心能否不制造形象？要心不制造形象，只有它完全专注于当下一刻，专注于挑战或感受的一刻才可能。举一个小例子：人家恭维你，你很喜欢。这"喜欢"就会制造形象。但是，如果你专注地听他的恭维，没有喜欢，也没有不喜欢，完全地、整体地听，就不会制造形象。这时你就不会说他是朋友。反之，如果有人侮辱你，你也不会说他是敌人。形象的产生来自不专注。专注之处，不产生任何概念。做吧！你会找到的，很简单。你专注地看树、花、云，就不会投射你的植物学知识，你的喜欢或不喜欢。你只是看。这不是说你将自己与树混为一体，你毕竟不可能变成树。你看你的妻子、先生、朋友而不带任何形象，那么你们的关系将完全不同。然后思想就完全不来碰触你们的关系。这时，爱就有可能了。

问：爱和自由是一回事吗？

克：我们能够没有自由而爱吗？如果我们不自由，能爱吗？嫉妒，能爱吗？害怕，能爱吗？我们在办公室野心勃勃，回家来却说"亲爱的，我爱你"，这是爱吗？我们在办公室无情、狡猾，回家来却要体贴、慈爱，这可能吗？一手杀，一手爱吗？野心勃勃的人何曾爱过？争强好胜的人何曾知道爱意味着什么？我们接受这一切，接受社会道德，可是，我们只有用全部的生命否定这些社会道德，我们才能知道真正的道德。可是我们不干。我们因为在社会上、道德上受尊敬，所以我们不知道爱是什么。没有爱，我们永远不知道何谓真理，也不知道上帝这种东西有没有。我们只有懂得告别过去的一切，告别一切性或其他快乐的形象，才会知道何谓爱。然后，有了爱（那本身就是德性，就是道德），其中便具有一切伦理。然后，那个实相，那个不可测度的，才存在。

问：个体在骚乱中创造了社会。若想改变社会，你是否赞成个体离弃自己，免得依赖社会？

克：个体不是社会吗？你和我创造了这个社会，用的是我们的贪婪、野心、民族主义、竞争心、粗俗、暴力。我们外在做了这些，因为我们内在就是这些。你说我们离弃自己吗？不是的，你自己如何离弃自己？你就是这一团糟的一部分。要免除这种丑恶，这种暴戾，这实际存在的一切，不是要离弃，而是要学习、观察、了解你自己里面的整个事物，由此而免除一切暴戾。你无法从自己身上离弃自己。这就产生一个问题：那么是"谁"来离弃？"谁"使我离弃社会，或离弃我自己？想离弃自己这个实体的他，是不是马戏团的一部分呢？要明白这一点，明白"观察者"无异于他观察的事物，必须沉思。这需要的并非分析，而是高度透视自己。观察自己与事物、财产、人、观念、自然界的关系，我们就会得到这种内在的完全的自由。

伦敦·1969 年 3 月 20 日

第三章

沉　思

　　我们总是在追求神秘经验，因为我们一直不满意自己的生活，不满意行为的浅薄。由于我们的生活和行为没有什么意义，所以我们一直想给它意义。

"追寻"的意义·修炼与克制·安静

　　我想到一件我觉得很重要的事。我们必须明白这件事，然后或许我们才能够对生命有完整的认知而不支离破碎。然后我才能够完整、自由、快乐地行动。

　　我们总是在追求神秘经验，因为我们一直不满意自己的生活，不满意行为的浅薄。由于我们的生活和行为没有什么意义，所以我们一直想给它意义。可是这却是一种知识的活动，所以照样还是浅薄、欺罔，所以到底还是没有意义。明白了这一点以后，明白我们的快乐总是很快就成为过去，我们每天的行为都是例行公事；明白我们的问题，这么多的问题，可能永远解决不了；什么事都不能相信，传统价值观、老师、师父、教会或社会的认可或制裁都不能相信。明白这些以后，我们大部分人都会开始寻找，寻找一种真正值得的东西，一种不是由思想触动，而是真正有非凡美感与喜悦的东西。我想，我们大部分人都在追寻一种永恒的东西，一种不容易毁坏的东西。我们把明显可见的事物摆在一边，然后有一种——非感情或情绪的——渴望，一种深深的探索。这种探索可能为我们打开一道门，使我们看到一种非思想能够测度的东西，一种无法归入任何信仰范畴的东西。可是，真有一种意义可以追寻吗？

　　我们要讨论的是沉思。这是一个很复杂的问题。所以，开始讨论之前，我们必须先了解这种追寻，这种经验的追寻，这种实相的追寻。我们必须了解追寻、追寻真相的意义。这是在知识上摸索一种新的东西，一种非关时间，不是由需求、冲动、绝望产生的东西。但是，追寻就能够发现真相吗？发现了就认得出来吗？如果有人发现了，他能够说"这就是真相""这是真的"吗？追寻真的有意义吗？大部分宗教中人都在说追寻真相，而我们现在问的就是真相是不是可以追寻出来。"追寻""寻找"的观念里是不是带有另一个"认识"的观念？也就是说，如果我发现了一种东西，我必定认识它？这"认识"是不是又意味着我以前已经知道它？"认识"的意思就是已经经验过，所以才能够说"这个就是"。那么，就这个意思而言，真相是"可以认识"的吗？这样的话，追寻还有什么价值？如果追寻没有价值，那么，有价值的是不是在于一直用心观察，用心听？观察和听不同于追寻。用心观察，就不会有过去一切的活动。"观察"意味着看得很清楚。看得很清楚就必然自由——自由而免于不悦，免于敌对，免于成见或怨恨，免于一切累积或知识，因而也免去干涉"看"的记忆。有了这种质素、这种用心观察——不只观察外在，也观察内在——事情的自由，那么还需要"寻找"做什么？都在那里了，心观察的事实、"实然"都在那里了。否则，就在我们想要改变这"实然"的时候，扭曲的过程就开始了。自由的观察，没有任何扭曲、评价，也不想要快乐，只是观察，那么我们就会看到"实然"自己就在经历大变化。

我们大部分人的生活都塞满了知识、娱乐、精神的抱负、信仰。这些，就我们的观察，都没有什么价值。我们想经验某种超越的事物，我们想经验高于一切世俗的事物，我们想经验广大无垠的事物。可是，想"经验"不可测度的事物，必须先了解"经验"的意义。到底，我们为什么会想要"经验"事物？

我现在说的话你们不要接受，也不要否定，只要好好检视就可以。我这个说者没有什么价值，让我们再次肯定这一点（说者好比电话，你听的不是电话说的话。电话没有权威，你只是用它来听别人讲话）。如果你用心听，在那份"情"里面，有的不是同意或不同意，而是一个心在说："让我们看看你在说什么，让我们看看你说的话有没有价值，让我们看看什么是真什么是假。"不要接受或否定，只要观察和听就好；而你不但是对别人说的话这样，对自己的改变、扭曲也要这样。看看自己的成见、意见、形象、经验，看看这一切如何妨碍你听别人说话。

我们要问，经验的意义何在？经验有什么意义吗？对于饱受信仰把持和制约、自己已经有了结论的心，经验能够唤醒这种昏睡的心吗？经验能够唤醒它，粉碎其中的所有结构吗？饱受制约，背负了自己无数问题、绝望、悲伤的心，这样的心能够对什么挑战有反应吗？能不能呢？就算有反应，那么这反应是不是一定不充分，因此造成更大的冲突？总是在追求广大、深刻、超越的经验，这本身就是一种逃避，逃避"实然"的实相——我们自己，我们那饱受制约的心。如果心非常清醒、明智、自由，这样的心为什么要有需要？为什么要有什么"经验"？光就是光，光不会要求要有更多的光。想要有比较多的经验就是逃避真实，逃避"实相"。

如果我们已经免除这种永久的追寻，免除这种经验某种非凡事物的需求与向往，我们就可以开始寻找沉思是什么东西了。"沉思"这个字眼和"爱""死""美""幸福"一样，总是有太多的负担。教你沉思的学校太多。但是，若想明白沉思为何物，必须先以正确的行为建立基础。没有这个基础，沉思只不过是自我催眠。如果不先去除愤怒的嫉妒、羡慕、贪婪、欲求、憎恨、竞争、成功的欲望等一切大家视之为道德的、可敬的正当行为，若不先奠定正确的基础，日常生活中不先根除恐惧、焦虑、贪婪等扭曲现象，那么沉思就没有什么意义。奠定这个基础比什么都重要。所以我们就问了：德性是什么？道德是什么？请不要说这个问题是中产阶级的问题，请不要说这个问题在一个乐观、容许一切的社会毫无意义。我们关心的不是这种社会。我们关心的是完全免除恐惧的生活，能够爱得深、爱得久的生活。如若不然，沉思就是出轨，好比吃药一般。很多人都是这样，有过非凡的经验，可是却过着虚张声势、卑贱的生活。那些吃药的人确实有过一些奇特的经验。他们或者看到其他各种颜色，或者比较敏感；在这种化学状态中，因为比较敏感，他们的确看到观察者和被观察者之间其实毫无间隔。可是等到药力一退，他们便回到原地，照样充满恐惧、无聊。他们坠回平常的沉闷、单调，然后又开始吃药。

除非先建立德性的基础，否则沉思只不过是诡计，为的是要控制心，要它安静，要强迫它符合一个说"做这些事你就有好处"的体系。这样的一个心，即使你使尽一切方法和体系，一样还是狭隘的、小格局的、受制约的，所以没有价值。我们必须先探讨何谓德性，何谓行为。行为是不是养育我们的社会、文化的环境制约的结果？你的行为与此相符。但这是德性吗？德性是不是在于根除贪婪、嫉妒等社会道德的自由之上？德性可以培养吗？如果德性能够培养，那不就变成一种机械的东西，再也没有德性可言？德性是活的、流畅的东西，不断的自我更新。德性是无法聚集的。说德性可以聚集就像说谦卑可以培养一般。谦卑是可以培养的吗？只有骄傲的人才"培养"谦卑，不论他怎么培养，他照样骄傲。可是，如果看清虚荣和骄傲的本质，这种看清之中就有免除虚荣与骄傲的自由，也会有谦卑。现在，如果明白了这一点，那我们可以开始寻找何谓沉思了。如果你只是做一两天就放弃，不是最真实、最认真，做不深入，那么请不要谈沉思。如果你了解沉思，那么沉思真是最不凡的事情。可是，只要你还一直在追寻、摸索、向往，贪婪地抓住某种你认为是真相的事物，其实是你自己的投射，你就不可能了解沉思。除非你完全不再要求什么"经验"，并且了解你生活中的混乱、失序，否则你不可能拥有它。你观察那种失序时，秩序就来了！来的可不只是蓝图。你做到了这一点，这一点本身就是沉思，你就不但能够问沉思是什么，而且还能够问沉思不是什么。否定了虚假，真实就确立了。

不论是什么体系，什么方法，只要是教你如何沉思的，显然都是假的。我们可以在知识上、逻辑上知道这一点。因为，如果你依照某种方法修炼，那么不论这方法是多么高贵、古老、现代、风行，你都是在使自己变成机器。你是在重复做一件事，好让自己得到某种东西。沉思的时候，目的就是手段。可是方法是承诺你某种东西，那是追求目的的手段。那么，手段如果机械化，那么目的必然也是由机器产生。机械的心会说："我要得到一种东西。"我们必须完全根除方法、体系，这就是沉思的开始。这时你已经开始否定一种极为虚假、了无意义的东西。

另外，很多人都在修炼"知觉"。知觉是可以修炼的吗？如果你修炼知觉，你就一直都不专注。所以，若想知觉这种不专注，请不要修炼专注。你只要知觉自己的不专注，这种知觉中就有专注。这是不用修炼的。请务必了解这一点。这一点这么清楚、简单。你不必到缅甸、中国、印度才能明白这一点。这些地方很浪漫，可是不实际。我记得有一次我在印度旅行。我坐汽车，车上有很多人。我坐在前排司机的旁边。司机后面有三个人在讨论知觉。他们想和我讨论何谓知觉。汽车开得很快。路上有一头山羊，司机没有注意，压死了这只可怜的畜生。这时后面那三位先生还在讨论知觉，完全不知道车子压死了一只羊。你们笑，可是我们自己就是这样。我们知识上关心"知觉"，口头上、辩证上研究各种意见，可是实际上并不明白真正的一回事。

修炼这种事情是没有的，有的只是生命。这就产生了另一个问题：如何控制思想？思想四处游走。你想思索一件事，它就跑到另一件事上面去。他们说修炼，说控制。他们想一幅图画、一个句子，或任何东西，他们专心。可是思想跑到另一边去，你把它拉回来。于是你来我往，拉锯战开始。所以我们就问了：控制思想有何必要？控制思想的事体又是谁？请注意听。除非我们了解了这个真正的问题，否则我们不会知道沉思所指的是什么。我们说"我必须控制思想"的时候，这个控制者，这个检察官是谁？这个检察官和他想控制、塑造、改变的事物有什么差异？两者难道不一样吗？然后，如果这个"想者"明白自己就是那个思想本身，明白"经验者"就是经验本身，结果会怎样？他要怎么办？你们了解这个问题吗？人就是思想，而思想会四处游走；然后人就觉得自己与思想有所隔离，于是他就说："我必须控制思想。"这个人与所谓的思想有别吗？如果没有思想，还有没有人？

如果人明白自己就是思想本身，会怎样？如果人就是思想，一如"观察者"就是被观察者，那么会怎样？情况会怎样？如果不再有隔离、分裂，所以不再有冲突，因此思想也不再受控制，塑造；会怎样？这时候还会不会有思想的游走？以前是控制思想、集中思想，是想控制思想的"人"和散漫的思想之间的冲突。这些事情无时无刻不跟着我们。可是突然我们明白人就是思想，不是口头上明白，而是真正的明白。结果怎样？还有思想散漫这一回事吗？这种事只有在人和他所检查的思想有别的时候才有。这个时候他才会说，"这个思想对"或"这个思想错"，或者"思想散漫，我必须控制"。可是人一旦明白自己就是思想，还有什么散漫吗？各位，想一想。不要光是接受。你们自己会懂的。有抗拒的时候才有冲突。这种抗拒是以为自己与思想有别的人制造的。可是人一旦明白自己就是思想，就不再有这种抗拒。这并不是说思想最终可以四处散漫，为所欲为。正好相反。

这时整个"控制"和"集中"的观念开始大幅度地变化。整个观念变为专注，这是完全不一样的东西。如果我们了解专注的本质，了解专注是可以凝聚而出的，我们就知道专注与集中完全不一样。集中是排斥他物的。这时你就问了："不集中我还能做事吗？""如果要做事，我能不集中吗？"但是，专注就不能做事吗？专注不是集中。专注意味着留心，留心看、听；用你全部的生命，用你的身体、神经、眼睛、耳朵、心灵、心肠完全地看、听。完全的专注里，其中无任何分裂，你可以做任何事情。这种专注里没有任何抗拒。这样，接下来的事情就是，我们的脑是受制约的，是几千几万年进化的结果，是记忆的储仓；而包含这样的脑的心能够安静下来吗？心必须整个安静下来，才能够不混乱而有认知，而看得清楚。心如何能够安静？我不知道你们自己是否发现，要看美丽的树、充满光彩的云，你自己看起来就要完整、安静，否则你就不是直接地看它们。你看它们是带有某种快乐的形象、昨日的记忆。你不是真的看它们。你不是看事实，而是看形象。

所以我们就问了，心的全体，包括脑在内，可以完全平静吗？大家一直在问这个问题。大家都是顶认真的人。他们没办法解答。他们已经厌倦技巧。他们说，重复念一些句子就可以使心平静。你试过吗？一直念"圣母玛丽亚"，或者有些人从印度取回来的梵言、曼陀罗，你曾经反复念这种句子，想使心平静吗？其实，不管是什么句子，譬如"可口可乐"，只要反复地、有节奏地念，都会使心平静。不过这个心却是迟钝的心，不易敏锐的心，不警觉、活跃、活泼、热情、勇猛。迟钝的心也有可能说"我有高度超越的经验"，可是这是欺骗自己。

所以，心的平静既不在于念诵，也强迫不得。要让心安静下来，我们已经玩过太多技巧。可是我们自己心里深知，只要我们的心平静，这就是全部了。这就是真正的认知。

心，包括脑，怎样才能完全平静？有的人说要练呼吸：呼吸要深，使更多的氧进入血液。但是，一个卑鄙的心也可以每天深呼吸，然后非常安静。不过它还是卑鄙的心。

你也可以练瑜伽，对啊，瑜伽也有很多东西。瑜伽是"动"的方法，而不只是做某些练习使身体健康、强壮、敏感，其中包括吃东西要吃得对、不能吃太多肉（这一点我们不说太多，你们可能每一个都是肉食者）。这种"动"的方法讲求的是身体的敏感，轻盈、注意饮食种类，不吃口舌喜欢或你自己习惯的食物。

这样的话，我们怎么办？谁在问这个问题？我们看得很清楚，我们不论内在或外在都很混乱，可是秩序却是必要的，一如数学秩序的那种秩序。然而要有秩序，并不是去符合别人或自己认为的秩序蓝图，而是只要观察混乱就可以。看清混乱，清楚混乱，其中就会产生秩序。除此之外，我们也知道心必须非常安静、敏锐、警觉，不陷于任何心理或生理的习惯。那么，这种事情怎么来？问这个问题的又是谁？喋喋不休的心，有很多知识的心会问这个问题吗？这样的心学得到新的事情吗？这件新事就是——"我只有在平静的时候才能看清楚事物。所以，我必须很平静。"接下来它就会问："我要如何才能平静？"显然，这个问题本身就错了。它问它"如何"寻找一个体系的那一刻，它就毁掉了它钻研的那个东西，也就是如何使心完全平静；如何不强迫地、非机械性地使心完全平静。一个不是强迫而来的安静的心非常积极，敏锐，警觉。可是你一问"如何"，观察者和被观察者之间就分裂了。

这个世上没有什么方法、系统、曼陀罗、老师或其他任何东西能够帮助你平静。真相是，平静的心能看清事物，于是心就非常平静。这就好比看见危险就躲开一样。看见心必须完全平静，于是心就平静了。

所以现在，重要的是"安静"这种质素。卑小的心也可以很平静。它有它的小空间让它平静。这个小空间加上它那小小的平静是死的东西——你们知道那是什么东西。可是一个无限空间、无限安静的心不会有"我"，有"观察者"这个中心，所以很不一样。这种安静里面完全没有"观察者"。这种安静空间极为广大，极为活跃，毫无边界。这种安静的活动完全不同于自我中心的活动。到了这种境地(其实它没有"到"这种境地，只要你懂得如何看，它本来就一直在这种境地)，那么人类追寻了几百年的上帝、真理、不可测度者、无以名之者、超越时间者自然就在那里，不请自来。这样的心是受福佑的。真理和喜悦是他的。

我们应该谈这些、问这些问题吗？你会说，这一切于生活有何价值？我必须生活、上班，我要养家，我上有老板，我有同事的竞争。这一切与我们谈的有何相干？你有没有在问这个问题？如果没有，你就完全不懂今天上午我们谈的这一切。沉思不是与日常生活偏离的事物。不要每天进房间沉思十分钟，出来又去杀猪宰羊——不论是实际的，或类似的。沉思是最认真的事。你整天都在沉思。上班时，与家人在一起时，你对人说"我爱你"时，照顾小孩时，教育他们成为成年人、去杀人、变成民族主义者、尊敬国旗时，教育他们掉入现代世界的陷阱时，你都在沉思。仔细看着这一切，明白你就是其中的一部分——这些都是沉思的一部分。你非常深入地沉思时，你会在其中发现一种非凡的美。你每一刻的行动都会正确。但是，如果你有某一次行动不正确，也没有关系。你可以从头再来，你不会因浪费时间而后悔。沉思不是与生活有别的东西。沉思是生活的一部分。

问：能不能请你谈一谈"懒惰"？

克：懒惰？首先，懒惰有什么不对？我们不要把懒惰和休闲混为一谈。我们大部分人，不幸的，都很懒惰，而且容易堕落；所以我们便敦促自己积极——所以我们更懒惰了。我越抗拒懒惰，我就越懒惰。可是请你仔细看看懒惰这一回事。早上醒来的时候，我觉得非常懒惰，不想做太多事情。身体为什么会懒惰？可能我前一天吃得太饱、纵欲过度。前一天、前一天晚上我做了一切事情，使身体迟钝、沉重，于是身体就说，看在老天的面子上，让我自己待一会儿吧！可是我们却要催促它，要它积极。我们却不改变自己的生活方式，只是通过吃药来使身体兴奋起来。可是如果我们用心观察，我们就会知道我们的身体有它的聪明。我们要很聪明才看得出身体的聪明。我们强迫，我们催促。我们爱吃肉，我们抽烟、喝酒，这一切你都会，所以你的身体失去它本有的有机聪明。要使身体做事聪明，必须先使心聪明，然后不干涉身体。你试试看，就会发现懒惰有了很大的改变。

休闲也有问题。现在的人，尤其是富裕的社会，休闲越来越多。我们怎么处理休闲呢？现在这已经成了问题。娱乐、电视、电影、书籍、聊天、划船、板球……你们知道的，这些越来越多；里里外外，各种活动塞满了我们休闲的时间。教会说用上帝来填充吧！上教堂来祈祷。他们以前就玩过这种技巧。不过这只是一种娱乐。或者我们一直谈这个、谈那个。你很悠闲，你要用在外在还是内心？生活不只是内心生活。生活是一种运动，好像潮汐一样，有进有出。你怎么利用休闲？读更多的书，更能引经据典？你会去演讲（不幸我就在演讲），或者向内心深刻思索？深入内心，必须同时了解外在。你要了解外在，不只是这里到月球的距离、技术性的知识，还包括社会、国家、战争等其中的根源；你越了解外在，就越能够深入内心。那个内在的深度是无限的。你可不要说："我已经到了最后，这就是悟。"悟不是别人给你的。悟来自于了解不明。要了解不明就要检视不明。

问：你说人和思想是不分的，如果人和思想有分，然后想去控制思想，只有造成心的挣扎和复杂，这样心就不会平静。可是我不懂，如果人就是思想，最初的分别是怎么生起的？思想如何会和自己对抗？

克：人和思想本来是一体，为何生起分别？这是你的问题吗？"人就是思想"是一个事实，或者只是你认为是这样，你实际不是如此？你要知道这一点，必须有很大的能量。这就是说，你看一棵树时，你必须要有很大的能量，才不会分裂成"我"和树。你做到这一点，必须要有很大的能量，这样就不会分裂，也就不会有冲突；也就没有控制。可是，

沉思 | **43**

由于我们大部分人都在这个观念上受到制约，以为人和思想有别，所以冲突就产生了。

问：我们发现自己为什么这么麻烦？

克：因为我们有非常复杂的心。没有吗？我们不是单纯的人，看事情也不单纯。我们的心复杂。社会的发展也和我们的心一样，越来越复杂。要了解很复杂的事，必须很单纯。要了解复杂的事，复杂的问题，你必须看问题的本身，不要去追究那些结论、答案、假设、理论。你看问题，并且知道答案就在问题当中，你的心就变得很单纯。这种单纯存在于观察当中，而不在复杂的问题当中。

问：怎样才够整体地看整体、看一切事物？

克：我们总是支离破碎地看事情。我们看树木与我们有别，妻子与我们有别。办公室、老板等，一切都是片段。我是这个世界的一部分，我如何完整地、整体地看这个世界而没有分裂？先生，你听我说，听就好：这个问题要由谁来回答？谁来告诉你怎么看？我吗？你问这个问题，你在等答案，等谁的答案？如果这个问题真的很认真，对不起，我不是说你的问题错误，如果这个问题真的很认真，那么这个问题变成什么问题？这个问题变成"我无法完整地看事情，因为我的每件事情都是片段！"心什么时候片段地看事情？又为什么爱自己的妻子，恨老板？你懂吗？如果爱自己的妻子，就要爱每一个人。不是吗？不要说是，因为你不是。你不爱你的妻子和孩子，你不爱；虽然你会说你爱。如果你爱你的妻子、孩子，你会给他们不一样的教育，你会用另一种方式照顾他们，而不是用金钱照顾他们。有爱的地方才不会有分裂。先生，你懂吗？你恨的时候就会有分裂，然后你就焦虑、贪婪、嫉妒、粗俗、暴戾。可是如果你爱（不是用心爱，爱不是一句话，不是快乐），如果你真的爱，快乐、性等等都会有一种不一样的质素。这样的爱就没有分裂。分裂在恐惧之时生起。你爱的时候没有"我"和"你"，没有"我们"和"他们"。可是你现在会问，"我怎样去爱""我怎样才能这么芳香"？答案只有一个：看看自己，观察自己。不用打自己，观察就好。然后从这种观察看到事情的本然。这样，你或许就会有爱。可是观察的时候必须非常努力，不能懒惰，不能不专注。

伦敦·1969年3月23日

第四章

人可能改变吗

看看这一切——战争、宗教造成荒谬的分裂，个体与群体的隔离，家庭与外界的对立，每个人都执着于一种理想，分别"你"和"我"，"我们"和"他们"——看看这一切，既客观又在心理上看看这一切。

能量·浪费在冲突中的能量

我们看看当今全世界的情形，观察世界上发生的这些事情——学生暴动、战争、政治乱象、民族与宗教的分裂。此外，我们也很清楚种种冲突、斗争、焦虑、孤独、绝望、冷漠、恐惧。我们要接受这一切？我们明知道我们的道德、社会环境极度不道德，为什么还要接受？我们知道这一切，为什么还要这样生活？我们的教育制度为什么没有教出真正的人类，反而训练出一些机器人，要他们接受这种或那种工作，然后死去？教育、科学、宗教完全没有解决我们的问题。

看看这一切乱象，我们每一个人为什么还接受并且附和，而不在自己身上摧毁这整个过程？我认为我们每一个人都应该问这个问题。不是在知识之间，也不是借口寻找真神、某些事物的实现、某种幸福（这种幸福最后终不免导致种种逃避）。我们要平静地看，眼光稳定，不做任何判断、评价。我们应该像个大人一样，问自己为什么这样活：生活、斗争、死。我们认真地问这个问题时，全心全意想了解这个问题时，哲学、理论、思维概念是毫无地位的。应该怎样，可能怎样，应该遵循什么原则，应该有什么理想，应该皈依什么宗教、师父，这些都不重要。

当我们面对这样的乱象，其中有种种悲惨和冲突，而我们却在其中生活的时候，这些显然都没有意义。我们使生活变成了战场。每一个家庭、每一个团体、每一个国家都互相对立。看看这一切，不要概念地看；

真正地观察，真正地面对；然后问自己这到底是怎么一回事。我们为什么变成这样？不活不爱，充满害怕与恐惧，直到老死？

你问了这个问题以后，你要怎么办？安适地住在舒服的家、有一些老生常谈的幻想、有一点钱而且受人尊敬的中产阶级不能问这个问题。他们如果问这个问题，会按照个人的需要改变问题而心满意足。可是这个问题却是非常地大众化，非常地普通。不论我们是富裕或贫穷、老或少，这个问题都碰触到我们每一个人的生活。我们为什么过这种单调、无意义的生活？四十年来每一天到工厂或实验室上班，养几个孩子，用荒谬的方式教育他们，然后死去？我想我们应该用全部的生命问这个问题，好让我们得到答案。这样，你就可以再问这个问题：人类可能根本改变，用不同的眼光、不同的心肠，全新地看这个世界吗？他可能内心不再充满怨恨、敌意、种族偏见，而有一个清晰的、具有巨大能量的心吗？

看看这一切——战争、宗教造成荒谬的分裂，个体与群体的隔离，家庭与外界的对立，每个人都执着于一种理想，分别"你"和"我"，"我们"和"他们"——看看这一切，既客观又在心理上看看这一切。问题只剩下一个，这才是根本的问题。这个问题就是：人心既已饱受制约，是否还有可能转变？这个转变不是生命结束时的转变，也不是未来的转世，而是现在就根本地转变，由此我们的心变得新鲜、年轻、纯真，没有负担，因此我们了解爱人及在和平中爱人是什么意思。我想我们只有这一个问题。解决了这个问题，其他的问题（经济的、社会的问题，造成战争的问题）都将立刻消失，然后是一个不一样的社会结构。

所以，我们的问题就是，我们的心——心肠和大脑——是否能像开天辟地时一样不受污染、新鲜、纯真，知道用深刻的爱，快乐而喜悦地活着是什么意思？你们知道，听理论性的问题有一种危险，因为，问题实在没有理论性的——都是生活。我们不关心文字或观念。我们大部分人都纠缠在文字里面，不曾明白文字不是事物。事物的描述不是它所描述的事物。如果我们在这几次谈话中，能够了解这一个深刻的问题，那就是，人心——包括心肠和心智——几百年来是如何饱受种种宣传、恐惧的制约；如果我们能够了解这个问题，接下来我们就能质问：这样的人心是否可能从根本上转变，然后和平地，以大爱、大喜悦，并且悟到那不可测度者地活在全世界？

这就是我们的问题：我们那背负了以往的记忆和传统的心，是否能够不斗争、不冲突，直接从自己内部引发改变的火焰，烧掉过去一切渣滓？既然问了这个问题，每个有思想、认真的人我想都会问这个问题：那么我们要从哪里开始？我们是否应该从外在的官僚体系、社会结构开始？或者应该从内在的心理上开始？我们是否应该考虑外在世界——连带它的一切技术性知识、科学领域创造的一切奇迹——从这里创造革命？这一点人类已经试过。他说，如果你从根本上改变外在事物，一如历史上所有的流血革命所作所为，那么人就会改变，从此就是快乐的人类。有人曾经说：创造外在秩序，内在就会有秩序。他们说，内在没有秩序没有关系，重要的是外在世界要有秩序——观念的秩序，乌托邦。可是乌托邦的名下却有几百万人丢掉了性命。

所以，让我们从心理上、从内在开始。这并不是说你们要任由现在的社会秩序，包括其中的混乱、失序，保持现状。但是，内在与外在可有分别？内在与外在不是同时存在于一个运动当中，从不曾分别为两件东西，只是运动着吗？如果我们想建立的不止口头上的沟通，讲共通的语言、用我们都了解的文字，而且也想建立另一种沟通，那么这一点就很重要。因为，我们将认真地深入事物，所以必须有一种内在的、口头以外的沟通。我们必须互相结合。这表示我们都深深地关心，注视这个问题：内心充满感情，渴望了解这个问题。这需要的不但是口头的沟通，而且还要有深层的结合，这样就不会有互相同意或不同意的问题。绝对不要发生同意或不同意的问题，因为，我们处理的不是观念、意见、理想。我们关心的是人的改变。再说，其实你的意见、我的意见也没有任何价值。如果你说，人类几千年来就是这个样子，所以不可能改变，那你已经封锁了自己。你不可能前进，你不可能开始探索。可是如果你光说可能，那么你不是活在现实，而是活在可能的世界。

所以我们要来面对这个问题，而不说它可能或不可能改变。我们要用新鲜的心来面对这个问题：这个心渴望实现，并且又很年轻，能够检视和探索。我们不但要建立口头上清晰的沟通，而且要互相结合。我们都极度关切一件事时，我们就会有这种友谊和感情。夫妻都很关心孩子的时候，他们会把自己的看法、好恶放在一边。这种关心里面有一种很深的感情。是这种感情主导行动，而不是意见。所以，同理，你们和我之间也要有这种深层的结合，这样我们才能同时以同样勇猛的精神面对同样的问题。这样我们才能深刻地了解问题。

所以，我们有的是这样的问题，那就是，饱受制约的心如何能够根本改变。我希望你是自己在问这个问题。因为，除非有一种非社会道德的道德，除非有不同于僧侣刻苦生活的朴素，除非有内心深层的秩序，否则这样子追寻真理、追寻实相、追寻上帝就毫无意义。也许你们有些人来这里原本是为了实现上帝，或者得到某种神秘经验。可是你们会失望。因为，除非你们有一个新的心、新鲜的心、新鲜的眼光看见真实事物，否则你们不可能了解那无可测度的、无以名之的"实相"。

如果你只是想要有更广大、更深刻的体验，可是照样过着卑鄙、无意义的生活，那么你所有的经验将一文不值。我们必须一起探讨这个问题。你会发现这个问题很复杂，因为其中实在牵涉太多东西。要了解这个问题必须兼具自由与能量。我们必须兼具这两种东西——大能量和大自由，才得以观察事物。如果你拘泥于一种信仰，如果你局限于一种观念的乌托邦，那么你终生无法自由地看事物。

我们有的是这样一个复杂的心，追求安全，却受制于野心和传统。对于这样一颗鄙陋的心——除了技术领域之外——登上月球是一个神奇的成就。可是建造太空船的人却照样过着卑薄的生活，心胸狭隘，嫉妒，焦虑，野心勃勃，而且饱受制约。

我们现在要问的是，这样的心能不能根除一切制约，因此而开始过另一种全新的生活？要找出这个答案，我们就不能是基督徒、印度人、荷兰人、德国人、俄国人。我们必须自由地观察。要清楚地观察事物，就必须自由。这里的自由意味着这种观察就是行动。这种观察创造了根本的革命。要能够做这种观察，你必须要有大能量。

所以，我们现在要看看人类有没有改变的能量、动力、热情。人类或多或少有能量吵架、杀人、分裂世界、上月球，他们有能量做这些事情。可是，他们显然没有能量根本改变自己。所以我们要问：我们为什么没有这种能量？

如果有人问你这个问题，不知道你的反应如何。我说，人有能量恨别人，有仗就打，想逃避真相，他就有能量逃避，利用观念、娱乐、神、酒。

他想要性或者其他方面的快乐，他也有很大的能量去追求。他有克服环境的聪明才智，他有住在海底、住在天上的能量——他有那些不可缺的能量。可是即使是最小的习惯，他显然也没有能量改变。为什么？因为我们在自己内心的冲突中消耗了能量。我们不是想说服你什么，不是宣传什么。我们不是想用新观念代替旧观念。我们想去发现、了解。

你们看，我们都知道我们必须改变。让我们举个例子，说暴力好了，这些都是事实。人类暴戾而残酷。他们建立的社会，虽然所有的宗教都在说爱你的邻人、爱上帝，可是人却很暴戾。所谓爱邻人、爱上帝都是观念，一点价值都没有。因为，人照样残酷、暴戾、自私。由于暴戾，他们制造了另一相对物，那就是非暴力。请和我一起探讨下去。

人一直在努力使自己非暴力。所以"实然和暴力"与"应然和非暴力"之间就产生了冲突。我们有的是两者的冲突。能量的浪费，本质就在这里。只要还有实然和应然的二元性，只要人还一直想变成另一种人，一直想成就应然，这样的冲突就会消耗能量。只要还有对立的冲突，人就没有足够的能量改变。我为什么要有另一面，譬如非暴力，来作为理想？理想并不真实。理想没有意义。理想只会造成种种伪善，明明是暴力，却假装成非暴力。如果你说你是理想主义者，最后一定会和平，这又是一个巨大的伪装，一个借口：因为你要很多年以后才没有暴力——事实上你从来没有做到。这时你仍然暴力，而且又伪善。所以，如果可能，我们应该把所有的理想（实际上的，不是抽象的）摆在一边，只处理事实——暴力的事实。这样就不会浪费能量。了解这一点非常重要。这一点不是我特有的理论。人只要还活在对立的狭路，必然浪费能量，因此永远不可能改变。

只要一口气，你就可以扫除所有的意识形态，所有的对立。

请你好好想，好好了解这一点。这样就会有不同的事情发生。一个人如果生气却伪装或努力不生气，就会产生冲突。可是如果你说"我要好好观察生气是什么东西，不逃避，也不给它借口"，这样你就有了了解的能量，并因而不再生气。如果我们只是发展一个观念，说心必须免除一切制约，那么事实和"应然"之间就会一直有二元性。所以这是浪费能量。可是如果你说，"我要看看心被制约成什么样子"，那么这就像患了癌症而去做手术一样。这个手术所关系者是除去这个疾病。可是，如果病人想的是手术完成后多好，或者他一直害怕这次手术，那么这也是浪费能量。

我关心的只是我们的心饱受制约这个事实，而不是"心应该自由"。心如果不受制约，就自由。所以，我们要寻找、要仔细检视的是，使心受制约的是什么东西，造成这种制约的是什么样的力量，我们又为什么接受这种制约。首先，传统扮演了一个重要的角色。我们的脑依循传统发展，这样才能获得人身的安全。我们不能活着而不安全，这是最初的、原始的动物需求。我们必须要有住处、粮食、衣物。可是，我们心理上利用这些安全必需品的方式却造成内外的不安。心灵是思想的结构，这个心灵在它的种种关系中同样也需要内在的安全。于是，问题就开始了。需要人身安全的不是几个人，而是每一个人。可是当我们借着国家、宗教、家庭追求心理安全时，却会否定人身的安全。我希望你们了解这一点，希望我们之间已经建立了一种沟通。

所以人身的安全必须要有制约，可是，我们一旦开始追寻，要求心理的安全，这种制约也就极为强大。这就是说，我们在心理上，在我们与种种观念、人、事物的关系中，需要安全；可是在这种种关系中，究竟有无安全可言？显然没有。心理安全的需求会否定外在的安全。譬如印度人，如果我背负那里的一切传统、迷信、观念而想在心理上觉得安全，我就会认同让我自在的大单位。所以我会尊崇国旗、国家、部落，而与世界上其他地方隔离。这种分裂显然就造成人身的不安全。我崇拜国家、风俗习惯、宗教教条、迷信时，我就将自己隔离在这种种范畴之内，于是我显然将因此而否定其他每一个人的人身安全。我们的心需要我们人身上的安全，可是当我们追求心理的安全时，我们就否定人身的安全。这不是看法。这是事实。我在自己的家庭、妻子、儿女、住屋之内追求安全时，我必定反对这个世界。我必然要与别人的家庭隔离，反对世界。

制约如何开始？基督教世界两千年的宣传如何使基督教世界尊崇自己的文化？这种东西到了东方又是如何？这一切我们看得很清楚。经过宣传、经过传统、经过安全的欲望，我们的心开始制约自己。可是，我们心理上真的安全吗？我们在自己与观念、人、事物的种种关系上真的安全吗？

如果种种关系意味着与事物直接接触，那么，如果你不和事物接触，你就与人无关。如果我对我的妻子只是共有一个概念、一个形象，那么我就没有和她建立关系，因为我拥有的形象妨碍了我与她接触。而她，以她拥有的形象，也无法与我建立直接的关系。我们的心一直在追求的那种心理的安全或肯定到底有没有？你只要仔细观察任何一种关系，你就会发现，"肯定"这种东西显然是没有的。就夫妻关系，或者想建立固定关系的一对少年男女而言，他们会怎样？这个妻子或丈夫只要看到别人，都会有恐惧、嫉妒、焦虑、生气、怨恨等情绪，所以他们的关系不是恒定的。可是我们的心永远都需要归属感。

制约——经由宣传、报纸、杂志、传教——是一个因素。我们现在很清楚不要让自己受到外界影响多么重要。所谓受外界影响是什么意思你懂，请听我说。你看报纸的时候你就会受影响，不论意识或潜意识皆然。你看小说，你就会受影响。你有一种压力或紧张，要把自己看到的东西归入一个范畴。宣传整个的目的就是在此。宣传最先是从学校开始，此后的一辈子你就一直在照别人的话做事。所以你是二手人。二手人怎么可能找到初始的真实的东西？所以，重要的是了解何谓制约，深入其中。你只要注视着它，你就有能量打破一切束缚心的制约。

或许你们现在想问问题，深入地探讨这个问题。但是请你们记住，问问题很容易，但是问对问题却是最难的。我的意思并不是要你们不要问问题。问题是必要的。任何人说的任何事情、书、宗教、权威、任何人、任何事情都要怀疑。我们必须质问、怀疑，必须保持怀疑态度！可是我也懂得什么时候将怀疑放开，问对问题。问题问对了，答案自然就在其中。所以，如果你们想问问题，请问吧！

问：先生，你疯了吗？

克：你问我是不是疯了吗？好！我不知道你所谓"疯"是什么意思。是指不平衡、精神上有病、有不一样的观念、神经质？"疯"这些意思都有。但是，由谁来判断？你或我或者谁？认真地说，谁是判官？疯子能判断谁是疯子，谁不是疯子吗？如果你来判断我平衡或不平衡，这岂不就是这个世界的疯狂吗？要判断一个人，但除了他的名声、他在你心目中的形象之外，其他一无所知。如果你根据他的名声，根据你吞下去

人可能改变吗 | **57**

的宣传来判断他，那你有判断的能力吗？判断含有虚荣的意思。不论你判断出来的是健康或不健康都一样，都有虚荣。虚荣能够认知真实吗？要看、要了解、要爱，难道不需要大谦卑吗？先生，在这个不正常、不健全的世界，想要健全是最难的事。健全，意思就是对自己、对他人没有幻觉，没有假象。你说"我就是这样，我就是那样；我大，我小；我好，我高贵"，所有这一切都是你对自己的假象。一个人对自己有假象，他当然不健全。他是活在幻觉的世界。我很担心我们大部分人现在的方式。你说你是荷兰人——请原谅我这么说——你就不是很平衡。别人也说他是印度人，所以你们都在隔离自己，孤立自己。这一切民族主义的、宗教的分别，连带它们的军队、僧侣，无非表示一种精神疯狂的状态。

问：如果没有暴力的反面，你能够了解暴力吗？

克：我们如果想与暴力同在，就会引发非暴力的理想。这很简单。你看，我想维持暴力，这就是我，就是人类，残酷的人类。可是我却有一个一万年的传统在告诉我说"培养非暴力"。所以这里就有了一个我是暴力的事实。然后思想就说，"听着，你必须非暴力"。这就是我的制约。我要怎样才能够免除制约，使我能够注视，能够与暴力同在，了解它、通过它、结束它——不只是肤浅的，而且是深刻的，在所谓的潜意识上结束它？我们的心要怎样才能不陷于理想？这是不是问题？

请听我说，我不谈马丁·路德·金，不谈甘地，或者张三、李四。我完全不关心这些人，他们有他们的理想，他们的制约，他们的政治企图心。这一切我都不关心。我关心的是我们，我和你的实然，人类的实然。当人类是暴力的，传统就经由宣传、文化创造暴力的反面。这个反面如果适用于我们，我们就用它；不适用于我们，我们就不用它。我们在政治上、精神上以种种方式利用它。

可是我们现在说的是，当我们的心想与暴力同在，想完全了解暴力，传统和习惯就会进来干涉。传统和习惯会说，"你们必须有非暴力的理想"。事实在那儿，传统也在那儿，我们的心如何破除传统，将全部的注意力专注于暴力？这才是问题。你们了解吗？我很暴力是事实，说我必须非暴力也是传统。

所以我现在要看——不是看暴力，而是看传统。如果我要专心注视暴力，而传统会干涉，那么传统为什么干涉？传统为什么插手？我关心的不是了解暴力，而是了解传统的干涉暴力。你们懂吗？我要专心注视传统，然后传统才会不再干涉。由此我才会知道传统为什么在我生活中扮演了这么重大的角色——传统就是习惯。不管是抽烟、喝酒、性爱、讲话的习惯——我们为什么生活在习惯当中？我们了然这些习惯吗？我们了然于我们的传统吗？如果你不完全了然，如果你不了解传统、习惯、例行公事，那么这一切就要撞击、干涉你想注视的事物。

生活在习惯当中最容易，可是破除习惯能意味着很多事情——也许是失去工作。我想破除时我就害怕，因为生活在习惯中给我安全感，使我肯定。任何人莫不如此。有人生在荷兰，却突然说"我不是荷兰人"，这会使人震惊。这里有的是恐惧。如果你说"我反对整个现有的秩序，因为它其实是混乱的"，你就给丢出去了。所以你害怕，所以你只好接受原有的秩序。传统在生命中扮演了异常重要的角色。你有没有吃过自己不习惯吃的肉？你试试看，就知道你的肠胃会怎样反抗。如果你有烟瘾，光是戒烟就要耗掉你很多年。

所以，我们的心会在习惯中寻找安全感。我们的心会说"我的家庭、我的孩子、我的房子、我的家具"这一类的话。你说"我的家具"时，你就是家具本身。你们笑，可是如果有人拿走你心爱的家具，你就生气了。你就是那个家具，那个房子，那些钱，那面国旗。这样子生活不但是活得愚昧、浅薄，而且是活在例行公事和烦闷当中。活在例行公事和烦闷当中，你当然会有暴力。

阿姆斯特丹·1969 年 5 月 3 日

第五章

我们的生活为什么不平静

我们显然有的是由于内在的矛盾而产生的冲突。这矛盾会表现在外在的社会，表现在"我"和"非我"的活动中。

恐惧如何生起·时间与思想·专注：保持"清醒"

我们找不到一种不但没有冲突、悲惨事物、混乱，而且还充满爱和体贴的生活方式。这似乎很奇怪。我们读一些学者的书，这些书告诉我们社会在经济、社会、道德上应该如何组织。我们又读一些宗教人士和神学家的书，这些书有的是思维观念。我们大部分人显然都很难找到一种和平的、活的、充满能量、明朗、不依赖他人的生活方式。我们都以为自己应该是成熟、缜密的人。我们有很多人曾经历两次大战，经历革命、动乱以及种种不幸。可是今天，在这个美丽的早晨，我们聚在这里，谈这一切，等待的却是别人来告诉我们怎么办，来给我们看一种实际的生活方式。我们来听从某人的话，希望他能给我们一把钥匙，以开启生活之美，开启日常生活之外某种伟大的事物。

我不知道——你们也不知道——我们为什么要听别人的。我们为什么无法在自己心里毫无扭曲地找到明朗？我们为什么要背负那些书本的重量？我们为什么无法活着而没有困扰，活得完整，心里有大欢喜、真正的和平？这种状态似乎自古有之，可是却是真的。你是否曾经想过你可以过一种完全不需要挣扎、努力的生活？我们一直在努力改变这个，改变那个，压制这个，接受那个，模仿、遵循某一公式或观念。

我不知道我们是否曾经问自己是否可能过一种毫无冲突的生活？不是知识的孤立，或者感情、情绪上的一种生活方式，而是完全没有任何努力。努力，不论是愉快或不愉快，令人满足或有利可图，都会扭曲、妨碍我们的心。这时的心好比一部机器，从来无法顺利运转，只是一直在轧压，所以很快就磨损。于是我们就会问——我相信这是一个有价值的问题——我们可能不可能过一种生活，没有任何努力，但也不懒惰、孤立、冷漠、迟钝？我们的生命，从生到死，一直在适应，改变，在变成某一种东西。这种挣扎和冲突造成了混乱，使我们的心磨损，于是我们的心变得毫无感觉。

所以，我们有没有可能找到一种没有冲突的生活方式，不是在观念上，在没有希望的某种东西上，在某种我们手段之外的东西上；不只表面上，而且是深达我们所谓的潜意识、我们的深处？今天早晨也许就让我们深入这个问题。

首先，我们为什么会发明冲突——快乐与不快乐？这种冲突可能停止吗？我们能够停止这一切，过一种完全不同的生活，拥有大能量、明朗、知识能力、理性，又充满名副其实的爱吗？我想我们应该用我们的心智和心肠去寻找答案，完整地涉入这个问题。

我们显然有的是由于内在的矛盾而产生的冲突。这矛盾会表现在外在的社会，表现在"我"和"非我"的活动中。这就是说，这个"我"有它所有的企图心、动力、追求、快乐、焦虑、憎恨、竞争、恐惧以及"他"——那个"非我"。除此之外还有"活着不要冲突或相反之欲望、追求、动力"的观念。我们如果了然于这种紧张，我们就会在自己内心看见这一切，看见这一切互相矛盾的要求，互相对立的信仰、观念、追求。

正是由于这种二元性，这种互相对立的欲望，挟带着恐惧和矛盾，才造成冲突。这一点，我们只要看看我们的内心，就很清楚。其中有一个基本形态一直在重复。不但是日常生活在重复，就是所谓的宗教生活也在重复——天堂与地狱、善与恶、高贵与卑贱、爱与恨等等就是。如果我可以这么说的话，那么我请你们不要只是听这些话，你们还要不加分析地看自己。把我当一面镜子，实际地看看自己。看到镜子里面的景象时，你们就会知道自己的心智和心肠如何运作。这时我们就会知道，种种分裂、隔离、矛盾，不论是内在还是外在，一定会造成暴力与暴力的冲突。明白了这一点，是不是就能够停止一切冲突？不但在粗浅的意识层面上停止，在日常生活中停止，而且在深如生命根源之处停止；由此而不再有矛盾，不再有互相对立的要求与欲望，不再有分裂成二元的心的活动？如何做到这一点？我们在"我"和"非我"之间建立了一座桥梁。这个"我"有它一切的野心、动力、矛盾；这个"非我"则是一个理想，一个公式，一个概念。我们总是想在"实然"与"应然"之间建立桥梁。于是其中就产生矛盾和冲突，我们所有的能量就这样消耗掉了。我们的心能不能不分裂而完全守住"实然"呢？了解了实然，是否还有冲突？

我想讨论这一点。我想用不同的眼光，看它与自由和恐惧的关系如何。我们大部分人都需要自由，可是我们却生活在自我中心的生活中。我们的日子都在关心自己、关心自己的失败与成功中度过。我们想要自由；不但在政治上自由——这一点，除了专制国家之外，还是比较容易的——而且也能免于宗教宣传的蛊惑。任何一种宗教，不论是古是今，皆是宣传家的作品，所以都不是宗教。我们越认真，就越关心整个生活；然后就越追求自由，越质疑；不接受或相信。我们想要自由，是因为想要知道是否有实相这一回事；是否有永恒、超越时间的事物。我们在种种关系当中都会有这种希望自由的强大要求。可是这种自由往往变成孤立自己的过程，所以不是真的自由。

这种自由的要求里面有的是恐惧。自由可能涉及完全的、绝对的不安全，而我们害怕的正是完全的不安全。不安全似乎是一件可怕的事，所以每一个小孩子都会在他的关系中要求安全。而后我们开始长大，但是照样要求安全；当然也是每一层关系，事物、人、观念，都这么要求。这种需求无可避免地造成恐惧；因为恐惧，我们就依赖事物，因而执着于事物。所以，现在的问题是自由与恐惧的问题，是恐惧是否可能完全免除的问题。不但生理上，也包括心理上；不但是粗浅的，而且深达心里黑暗的角落，每一个从未有人透视的秘密之处。心能够完全免除恐惧吗？损毁爱的，就是恐惧——这不是理论。在种种关系中制造焦虑、执着、占有、霸道、嫉妒的，就是恐惧。制造暴力的，就是恐惧。看看那人口爆炸的城市，这里面有的就是不安全、不稳定、恐惧。这也是制造暴力的部分原因。我们能不能够免除恐惧，从而使自己等一下步出这个大厅时，心里不再有恐惧造成的阴影？

要了解恐惧，我们不但要先检查生理的恐惧，而且也要检查心理恐惧的整个网络。我们也许可以讨论这一点。我们的问题是：恐惧如何生起？维系恐惧的是什么？恐惧可能免除吗？生理的恐惧很容易了解。生理一有危险，我们就会立刻有反应。这种反应是几千年来制约的结果。如果没有这种反应，生存就不可能，生命就会终止。我们在生理上必须生存，所以几千年来的传统一直在告诉我们"小心"；我们的记忆也一直在说："小心，有危险，马上采取行动。"可是，生理上对危险所生的反应是恐惧吗？

请你们务必仔细听，因为我们就要进入一种既简单又复杂的东西。除非全神贯注，我们不可能了解这个东西。我们在问：生理或感官上对危险的立即反应是不是恐惧？或者那是一种智力，完全不是恐惧？智力又是不是传统与记忆培养出来的东西？如果是，那么智力为什么在心理领域的运作本来应该完整，却不完整？我们在心理领域中害怕那么多东西，为什么在生理有危险时发现的那种智力到了心理领域却发现不了？生理的智力适用于心理领域吗？我们有的是各种恐惧：死亡，黑夜，自己的妻子或先生说的、做的事情，邻居或老板的想法。这整个是一个恐惧的网络。我们在此不欲处理种种恐惧的细节。我们关心的是恐惧本身，不是这种或那种恐惧。我们一有恐惧，警觉到恐惧，我们就有逃避的行动。也许是压制、走开，或者做某种娱乐活动，包括宗教、鼓舞勇气来对抗等。这些逃避、娱乐、勇气等都是逃避恐惧的方法。

恐惧越深，抗拒越强，于是就发生各种神经活动。有了恐惧，心——或者说"我"——就说，"不可以恐惧"，于是有了二元性。有了"我"逃避、抗拒恐惧，有了与恐惧有异的"我"在蓄积能量、建立理论、分析，就有了"非我"！这个"非我"就是冲突。"我"就是与恐惧互相隔离的东西。于是恐惧和"我"之间立刻产生冲突，这个"我"要来克服恐惧。这时候就有了一个看者和被看者。被看者就是恐惧，而那个看者"我"，就要来驱赶这个恐惧。于是有了对立、矛盾、隔离。于是恐惧和想要驱赶恐惧的"我"之间有了冲突。说到这里，我们之间互相有沟通吗？

所以，我们的问题是恐惧的"非我"和认为"非我"与己有异而抗拒之的"我"之间的冲突。这个"我"想克服、逃避、压制、控制这一层恐惧。这种分裂毫无例外地造成了冲突，一如两个有军队、有主权政府的国家的冲突一般。

所以这就有了看者和被看的事物。看者说："我必须赶走这可怕的东西，我必须根除这可怕的东西。"这个看者一直在打斗，一直处在冲突状态中，这已经变成了我们的习惯，我们的传统，我们的制约。由于我们喜欢活在习惯当中，例如抽烟、喝酒、性爱或心理习惯，所以破除习惯最难。国家和政府也有这种习惯。它们会说"我的国家，你的国家""我的上帝，你的上帝""我的信仰，你的信仰"。要战斗，要反抗恐惧都是我们的传统，所以恐惧就愈加增强，所以生命就越浪费在恐惧上。

如果这一点清楚的话，那么我们可以继续下一步了。看者和被看者果真有分别吗？看者认为自己与被看者不同。被看者是恐惧的本身。他和他看的事物之间真的不同吗？或者两者根本一样？显然，两者根本一样。看者就是被看者。譬如现在如果有一个全新的东西出现，就根本没有所谓看者可言。但是，由于看者会认出自己恐惧的反应，他以前就知道这种反应，所以就产生了分裂。你们非常非常深入这个问题时，你们就会发现，我希望你们现在就发现，看者和被看者本质上其实是一样。这样，如果看者和被看者一样，两者的矛盾，"我"和"非我"的矛盾就消失了。这样，你们也就不必再做任何一种努力。但是，这并不是说你们要接受恐惧，或认同恐惧。

恐惧、被看的事物、恐惧之一部分的看者都是有的。那么我们要怎么办？（你们有没有和我一样用心？如果你们光是听，那么我担心你们恐怕无法解决恐惧的问题。）有的只是恐惧；有的不是观看恐惧的看者，因为看者就是恐惧本身。现在有好几件事发生了。首先，恐惧是什么东西？如何产生的？我们说的不是恐惧的原因、恐惧的结果、恐惧如何以它的悲惨和丑恶使生活蒙上黑暗。我们是在问恐惧是什么东西，恐惧如何产生。我们一定要不断地分析恐惧，发现无尽的原因吗？你一开始分析，你这个分析者就必须高度地免于偏见与制约才行。你必须看，必须观察。否则，你的判断如果有任何扭曲，这种扭曲就会随着你的分析一直加深。

所以，想用分析来结束恐惧其实停止不了恐惧。我希望这里有一些分析家！因为，发现恐惧的原因，并据之采取行动以后，那么因就变成果，果就变成因。这个果，以及依据这个果以发现因，以及发现因并且依据因而采取行动就成了我们的下一个阶段。这时的因和果已经变成了无尽的锁链。现在，如果将这个恐惧之因的理解以及恐惧的分析放在一边，那么我们在这里还能够做什么？

你们知道这不是娱乐，但是，发现之中有很大的快乐，了解这一切很好玩。所以，什么东西制造了恐惧？时间和思想制造了恐惧。时间是昨天、今天、明天。我们害怕明天会有事情发生——失业、死亡、先生或太太离家出走、多年前曾经有过的疾病和痛苦明天可能复发。明天是时间的入口。时间涉及邻居明天可能说我什么。时间到目前为止也替我掩盖了我多年前做的一件事。我害怕自己内心深处一个秘密的欲望不能获得满足。所以恐惧牵涉到时间，恐惧死亡到来、生命结束；生命的结束一直在某一个角落等待，我很害怕。所以恐惧和思想牵涉时间。没有思想，就没有时间。想到昨天发生的事，又害怕明天会再发生——就这样，思想不但造成时间，也造成恐惧。

请注意这一点，请为你自己看看这一点。不要接受也不要排斥什么东西，仔细地听，不管你同意不同意，在这里自己找出真相。要找出真相，你必须有感情、热情、大能量。然后你就会发现思想滋育了恐惧。想到过去或未来，不论这未来是下一分钟，明天还是十年以后，想到它使它成了一件事。想到昨天快乐的事，不论这快乐是性的、感官的、知识的还是心理的，都想使这种快乐延续。想到这件事，像大部分人一样建立这件事的形象，使这件事通过思想延续，因而滋育了更多的快乐。

思想不但滋育快乐，也滋育恐惧。两者皆是时间之事。所以思想铸造了铜板的两面——快乐和痛苦，其中的痛苦就是恐惧。然后我们怎么办？思想变得这么重要，我们很崇拜；我们就想，思想越灵活越好。有知识的人在企业界、宗教、家庭利用思想，他们沉溺地利用这个铜板，利用带有花环的文字。我们多么尊敬知识上或讲起话来思想很聪明的人！可是，恐惧和我们所谓快乐的东西却必须由思想负责。

并不是说我们不应该快乐。我们不是清教徒。我们想了解快乐。了解快乐的整个过程之后，恐惧才会终止。这样你才能用全新的眼光看快乐。如果我们有时间的话，我们将来会继续探讨这个问题。思想必须为痛苦负责。这种痛苦，一边是痛苦，一边是快乐以及快乐的持续，快乐的要求与追求（包括宗教等各种快乐）。这样说来，思想在这里要做的是什么？思想能够停止吗？这问题问得对不对？谁来停止思想？"我"不是思想本身吗？可是这个"我"却是思想的结果。所以我们的问题还是老问题。还是一个"我"和一个变成了看者的"非我"。这个看者会说："只要能停止思想，我的生活就会不一样。"但是其实有的只是思想。会说"我要停止思想"的看者是没有的，因为看者是思想的产物。那么，思想是如何存在的？我们倒可以轻易就看清楚，思想就是由记忆、经验、知识所生的反应。知识就是大脑，就是记忆的席位。任何事情对它有要求，它就报以记忆和辨认的行动。脑是几千年演化和制约的结果。思想从来都是过去的，思想绝不自由，思想是一切制约所生的反应。

这样要怎么办？思想明白是它自己制造了恐惧，所以它对恐惧无能为力之后，它只好安静。安静之后，它就完全否定所有滋育恐惧的动作。然后，心——包括脑——观察这一切习惯、矛盾、"我"和"非我"之间的斗争。这时心就明白看者就是被看者。然后，心就知道恐惧不能只是分析之后再摆在一边，恐惧永远都在那里；知道了这一点，也就知道分析不是办法。于是我们就问了：恐惧的源头是什么？恐惧如何生起？

我们说，恐惧生起于时间和思想。思想是由记忆生出的反应，所以思想制造了恐惧。光是控制或压制思想、制止思想、在自己身上玩各种技巧，都无法结束恐惧。我们自己客观地，不分别地明白了这整个模式之后，思想自己就会说，"我要很安静，不控制也不压制"，"我要静止"。

这样，恐惧就会停止。这就意味着悲伤停止和了解自己——也就是自知之明。没有自知之明，悲伤和恐惧就不会停止。只有免除了恐惧的心才能面对实相。

也许你们现在很想问问题了。我们必须问问题——这种问，这样向自己暴露自己在这里是必要的。不只在这里，以后不论是在房间里、花园里，坐公车还是走路，你们都要问，这样才能寻求答案。但是问问题要问对。问对问题，也就有了答案。

问：接受自己，接受自己的痛苦、悲伤。这样做对不对？

克：我们如何能够接受自己的实然？你是说你接受自己的丑恶、残酷、暴力、虚假、伪善？你能够接受这些吗？你不想改变吗？我们没有必要改变这一切吗？我们如何能够接受一个明明不道德的社会的现有秩序？生活难道不是不断地变革运动？我们只要是生活着，就没有所谓接受。我们有的只是活着。我们和生活的运动共同生活，而生活的运动要求的是变革、心理革命、突变。

问：我不懂。

克：我很抱歉，或许你用"接受"这个字眼时，你并不知道在一般的英文里，"接受"指的是接受事物原来的样子。也许你应该说荷兰文。

问：事情怎么来就怎么接受。

克：譬如，如果我的妻子离开我，我要事情怎么来就怎么接受吗？我掉了钱，我失业，我受到轻视、侮辱，我要事情怎么来怎么接受吗？我要接受战争吗？要实际的，而非理论的事情怎么来就怎么接受，首先必须先没有"我"。我们今天上午谈的就是这个，将"我"和"你"、"我们"和"他们"这个心出空。然后你就可以每一刹那、每一刻生活，毫无挣扎，毫无冲突。这才是真正的沉思，真正的行动，没有冲突、残暴、暴力。

问：我们都必须想事情，这是不可免的。

克：是的，先生，我了解。你是说我们应该完全不想事情吗？做事情要想，回家要想，口头的沟通也是思想的结构。所以，思想在生活中到底有什么地位？做事情的时候必定要有思想运行。请了解这一点。做任何技术性的工作，像电脑一般的工作时，都需要思想。要清晰地，客观地，不带感情地，没有偏见地，没有成见地思考。要清楚地行动，思想是必要的。但是，我们也知道思想会滋育恐惧，而恐惧会妨碍我们，使我们行动没有效率。所以，我们能不能够既需要思想，但又不带恐惧地行动？思想不安静吗？我们是否可能安静？你们懂吗？我们是否有这样的心智和心肠来了解这整个恐惧、快乐、思想的过程以及心的安静？我们能不能够在需要思想的时候深思熟虑，在不需要思想时又不用思想？当然，这很简单，不是吗？这就是说，心能不能够非常地专注，因而在清醒的时候，可以在必要时思考和行动，并且在行动中一直保持清醒，不昏庸，也不机械般运作？

所以，问题不在于该不该想，而是在于怎样保持清醒。要保持清醒，我们就必须深刻地了解思想，恐惧、爱、恨、孤独。我们必须完全涉入自己当下的生活，完全地了解生活。但我们只有在心完全地清醒，没有任何扭曲的情况下，才能深刻地了解生活。

问：你的意思是说，面对危险的时候，我们只要依据经验反应就可以了？

克：你不是这样吗？你看到一头危险的野兽时，你不是由记忆，由经验做反应吗？这经验或许不是你自己的经验，而是种族的记忆。这种族的记忆告诉你"小心"。这就是经验和记忆。

问：那是我心里有的东西。

克：可是为什么我们看见民族主义、战争、政府带着主权和军队而分裂的危险时，行动却无法同样有效率？这才是最危险的一件事。为什么我们没有反应？为什么我们不说"让我们改变这一切"？"改变这一切"就是改变你自己——已知的生命。你不属于任何国家、国旗、宗教，所以你是自由的人类。但是我们没有。我们对身体的危险有反应，对心理的危险没有反应；可是心理的危险却更具毁灭性。我们接受事物的实然，或者起来反抗而形成另一个幻想的乌托邦，这都一样，到最后都回到原先的状态。内心看见危险或外面看见危险其实是一回事——都是保持清醒。这就是说，聪明而敏锐。

阿姆斯特丹·1969 年 5 月 10 日

第六章
生命的完整

生、爱、死的了解由什么东西构成？要探讨这个问题，我们不但要具备知识能力和强烈的感情，而且更重要的是，还要有大能量。而这个大能量只有热情才能赋予。

没有动机的 · 了解事物的热情

我们不知道为什么人类普遍缺乏热情。人类贪求权势、地位、性、宗教各方面的享受，另外还有其他种种贪欲。可是显然很少有人以深刻的热情致力于了解生的过程，大部分的人全部的精力都放在支离破碎的活动上。银行家对金融很有兴趣，艺术家、神学家也有他们自己的兴趣。但是，要使人有一种长久而深厚的热情去了解整个生活的过程是最难的。

生、爱、死的了解由什么东西构成？要探讨这个问题，我们不但要具备知识能力和强烈的感情，而且更重要的是，还要有大能量。而这个大能量只有热情才能赋予。

由于这个问题这么重大、复杂、微妙、深刻，所以我们必须全神贯注（这是由全部的热情而来的），看看是否有一种生活方式完全不同于我们现在的生活方式。要知道这一点，我们必须探讨几个问题。我们必须探索意识的过程，检视我们心的表面和深层，探讨"秩序"的本质，不只是外在的社会的秩序，也包括我们内在的秩序。

我们必须探讨"活"的意义，不但是给它一种知识，而且也要看看活着有什么意义。此外我们还要探讨爱是什么东西，死又意味着什么。我们不但要在意识上，而且要在心里深刻、隐匿、幽微之处探讨这些问题。我们要问秩序是什么东西，活着真正意味着什么，而我们是否可能过一种完全慈悲、温柔、爱的生活。我们还要寻找"死亡"这个不寻常事物的意义。

这些问题都不是片段，而是完整的运动，生命的整体。如果我们将这个整体切割成生、爱、死，我们就无法了解这一切。这一切全是一个运动。要了解它完整的过程，必须要有能量——不只是知识的能量，而且还包括强烈感情所生的能量。这强烈的感情涉及一种无动机的热情。因为无动机，所以不断在我们内心燃烧。当我们的心支离破碎时，我们就必须在意识和潜意识上问这个问题，因为，所有的分裂，诸如"我"和"非我"、"你"和"我"、"我们"和"他们"等，都是从这里开始的。只要国家、家庭、宗教有这种隔离存在，生命的分裂就无可避免。我们日常生活会有烦闷、单调，也会有爱，日日都受嫉妒、独占、依赖、支配的妨碍。我们会有恐惧、不可避免的死亡。我们能不能认真地问这个问题，不只是理论上、口头上问，而且是认真地探究自己，问自己为什么会有这种分裂？这种分裂滋育了多少悲惨，混乱、冲突？

我们可以在自己内心很清楚地观察到我们那粗浅的心的活动，连带它所关切的生活，技术的、科学的、贪得的知识。我们可以看到自己在办公室的竞争心，看到自己的心肤浅的运作。可是我们的心还有一部分隐藏着未经探索，因为，我们不知道如何探索。通常如果我们想让这个隐藏的部分暴露在清晰与了解的光照之下，我们或许是找书来看，或许是去找精神分析医生或哲学家。我们实在不懂如何检视事物。我们或许能够观察我们的心外在的、阻浅的活动，但我们实在无法看透这深陷的、隐匿的洞穴，这里面收藏着我们过去的所有事物。我们的意识心以它积极的要求和主张能够看透我们的生命深刻的层面吗？我不知道你们有没有试过。如果你们试过，而且一直很坚持，很认真，你们可能已经发现了"过去"的内容，种族的传承，宗教的按手礼，种种的分裂。所有这一切都隐藏在那里。意见的偶然生起，都是来自过去的累积。这种累积，基本上是依据过去的知识和经验，连带其中的种种结论和看法。我们的心是否能够看穿这一切，了解这一切，超越这一切，以至于完全不再有分裂？

这一点非常重要，因为我们已经饱受制约，因此只能支离破碎地看生活。只要这种支离破碎的状态一直存在，我们就会一直要求完整——"我"会一直要求完成、成就、完整，会变得很有野心。这种支离破碎使我们又个人又集体，自我中心但又想与某种较大的东西认同，可是还是一直互相隔离。这种意识上，整个存有的结构与本质上深深的分裂，造成我们的行为、思想、感情的分裂。于是我们将生活分割，将我们称之为爱和死的事物分割。

如果我们使用"潜意识"这个字眼而能够不给它一个心理分析学的意义的话，那么，我们能不能够观察到作为潜意识的过去的运动？深层的潜意识即是过去的一切。我们的运作就是由那里来的。所以，过去、现在、未来之间便产生了分裂。

这一切听起来好像很复杂，其实不然。如果我们能够看清楚自己，观察自己的看法、思想、结论如何运作，这一切就很简单。你批判地看自己，就会看到你的行为依据的是过去的结论——一种公式或模式。这种公式或模式又投射到未来，变成理想，然后你的行为就依据这理想进行。所以，这个过去总是依据它的动机、结论、公式而运作，心智和心肠背负了沉重的记忆。记忆塑造我们的生活，造成支离破碎的情状。

意识心是否能够完整地看穿潜意识，因而使我们了解作为过去一切的潜意识全部的内容？我们必须问这个问题。这需要一种批判的能力，可是却不是自以为是的批判。这需要我们去注视。如果我们真正清醒，那么意识就不再分裂。但是，我们只有在拥有这种批判性的自我知觉但又不做评断时，才能够有这种清醒状态。

观察即是批判。不是评价、意见的批判，而是批判性的注视。但是，这种批判如果是个人的，受到恐惧或任何成见的妨碍，就不再有真正的批判性。这时只是四分五裂而已。

讲到这里，我们现在关心的是了解这整个过程，生的整体，而非某一片段。我们不问某一个问题怎么办。社会活动虽然与生活的整个过程相起相生，但是我们不问社会活动该怎么办。我们问的是，了解了实相之后，这实相里面包括什么？这个实相，这个广大、永恒是真有的吗？我们关心的就是这个整体的，完整的认知，而非片段的认知。但是，要了解整个生命的运动是一个单一的活动，必须我们的整个意识中不再有自己的概念、原则、观念、"我"和"非我"等分裂才可以。现在，如果这一点已经清楚的话，那么我们继续来探讨生是怎么一回事。

我们认为生是一种积极的行动——做事情、想事情、不断地叫嚣、冲突、恐惧、悲伤、罪疚、野心、竞争、贪求快乐（连带其痛苦）、欲求成功。所有这一切即是我们所谓的生。这就是我们的生活，偶尔快乐，偶尔有完全无动机的慈悲，不附带任何条件的慷慨。偶尔——很少——有一种喜悦，一种无过去无未来的幸福感。可是一到办公室，我们就生气、憎恨、轻蔑、敌视。这就是我们平日的生活，但我们说它非常积极。

唯有否定积极才是真正的积极。这所谓的生——丑恶、孤独、恐惧、残酷、暴戾。否定这样的生而不知有其他的生，才是最积极的行动。这一点我们彼此能沟通吗？你们知道，完全否定传统的道德才是高度的道德，因为，我们所谓的社会道德，讲究地位的道德，其实非常不道德。我们贪婪、争强好胜、嫉妒、自求出路。我们都知道自己这样的行为。这是我们听说的社会道德。宗教中人说的是另一种道德，可是他们的生活、整个的态度、组织上的阶级结构，却不道德。要否定这些并不是要你反动，因为反动是由反抗而来的另一种分裂。但是如果你是因为了解而否定，这才是最高的道德。

同理，要否定社会道德，否定我们现行的生活方式——我们这卑下的生活、浅薄的思想和生存、累积一大堆肤浅的东西却自鸣得意——要否定这一切；不是反动，而是看清这种生活方式极度的愚昧和毁灭性的本质；要否定这一切，就要去生活。假的就看出它是假的，这种看就是真实。

然后，爱是什么东西？快乐是爱吗？欲望是爱吗？执着、依赖、占有你爱的人而支配他是爱吗？说"这是我的，不是你的。这是我的财产，我的性权益"而其中又带有嫉妒、怨恨、愤怒、暴力，这是爱吗？然后，爱在这里照样也给分成圣、凡之爱而成为宗教制约，这是爱吗？你能够野心勃勃又同时爱人吗？你能够爱你的先生，他充满野心的时候能够说他爱你吗？人争强好胜的时候，追求成功的时候，会有爱吗？

否定这一切，不但在知识上、口头上否定这一切，而且是从一个人的生命中完全扫除这一切，永远不再嫉妒、羡慕、竞争、野心勃勃。否定这一切，这当然就是爱。这两种生活方式永远无法放在一起。一个嫉妒的男人，一个霸道的女人，他们不知道爱意味着什么。他们可能也谈论爱，他们睡在一起，占有对方，为了舒适、安全或害怕孤独而互相依赖。

这一切当然不是爱。有的人说他爱自己的孩子。果真如此，还会有战争吗？会有国籍之分？会有这一切分裂吗？我们口中的爱其实是折磨、绝望、罪恶感。这种爱一般是相当于性爱的快乐。我们不是清教徒，也不是拘谨之人。我们不是说快乐一定不可以有。你看云、看天空，或看一张美丽的脸时，会很愉快。你看花，花很美。我们不否定美。美不是思想的乐趣，而是思想把快乐给了美。

同理，当我们有爱有性的时候，思想就会给它快乐。那是以前经验过的印象，而且明天还会重复。这种重复是快乐但不是美。美、温柔和爱的全部意义并不排斥性。现在人们可以自由地去做任何事情，可是他们仿佛刚刚才发现了性一样，竟然把性看得这么重要。或许这是因为性已经成了人唯一的逃避之道，唯一的自由。他在其他方面都有人追赶、欺侮，知识上、感情上都受人忤逆。他在每一方面都是奴隶。他是破碎的。他只有在性经验当中才得以自由。他在这种自由当中拥有一种快乐，所以他想一直享受这种快乐。你们看看，这里面哪里有爱？只有充满爱的心智和心肠才能看到生命的整体运动。一个人拥有这样的爱，那么不论他做什么，都是道德、善良的，他做的事情是美的。

那么，我们知道我们的生活非常混乱、失调，秩序又从何而来？我们都喜欢秩序。我们不但希望家里秩序井然，事物各安其位；即使外面的社会有那么多的不公不义，我们还是希望它有秩序。除了外在，我们也希望内心有秩序——深层的、数学般的秩序。然后这个秩序是不是要由我们努力去符合我们心目中的基本形态而产生？然后我们再拿这个基本形态与事实比较——于是有了冲突。这个冲突不就是失调？所以也就不是德性。我们的心努力要有德性、有道德、有伦理的时候，它就要抗拒些什么，这种冲突中就产生了失调。所以，德性才是秩序的精要所在。但是我们当今的世界却不喜欢这个字眼。德性不是由思想的冲突产生。你只有批判地看待失调，用清醒的智力了解自己，才可能有德性。这样才会有最高的完整秩序。这最高的秩序就是德性。德性只有在有爱的时候才有可能到来。

然后我们有死亡的问题。我们一向把这个问题推得远远的，视之为未来才会发生的事。而这个未来可能是五十年后，可能是明天。我们害怕走到终点，生理上走到终点而和我们曾经拥有、追求、体验的事物分离——与妻子、先生、房子、家具、花园、写过或想写的书等等分离。我们之所以害怕让这一切离去，是因为我们就是那家具本身。我们是自己拥有的图画本身，我们会拉小提琴时，我们就是那小提琴。因为我们已经认同这一切——我们不是别的，我们就是这些东西。你曾经看过自己的这个样子吗？你就是你的房子，有百叶窗，有卧室，有家具。几年来你曾经小心翼翼地油漆这一切。你拥有这一切。这些东西就是你的实然。除开这些，你一无所有。

你害怕的就是一无所有。你花了四十年每天上班，后来不上班了，你却心脏病发而死。这岂不奇怪？你就是那办公室、公文、你担任的职位。你就是这一切，其他你一无所有。另外你还有一大堆观念：上帝、善、真理、社会应当如何。就是这些。其中有了遗憾。知道自己就是这一切真是悲伤。但是最大的悲伤是你不知道自己就是这一切。死才能叫我们看见这一点，明白这一点意味着什么。

死无可免。所有的有机体都要死。但是我们害怕放弃过去的一切。我们就是过去的一切，我们就是时间、悲伤、绝望；偶尔认知到美，偶尔表现善或温柔,但绝不长久。因为怕死,所以我们会问"我会不会复活"?这复活就是再继续战争、冲突,悲惨、占有、累积。整个东方都相信转世。你是什么你就希望自己再转世成什么。可是你是这一切,你是这一团糟,这一场混乱,这一阵脱序。而且,转世意指重生到另一次生命当中。所以,要紧的是你现在、今天的所作所为。要紧的不在于你降生到来世——如果有的话——如何生活。要紧的是你今天如何生活,因为今天即将播下美的种子或悲伤的种子。可是那些相信转世的人却都不知道在行为上如何立身处世。如果他们真的关心自己的行为,他们就不会关心明天。善,在于专注今天。

死是活的一部分。没有死你就无法爱。让一切不属于爱的事物死去,让一切由自己的需求投射的理想死去,让过去的一切死去,让所有的经验死去;这样你才会知道爱的意义,因而才知道生的意义。所以,生、爱、死是一回事,由完整的活在现在构成。这样才会有和谐的、不造成痛苦与悲伤的行动;才会有生、爱、死——行动寓于其间。这个行动就是秩序。如果我们能够这样活——我们必须这样活,不是偶尔,而是每一分钟、每一天——我们就会有社会秩序,然后才会有"人"的统一。这时政府就会用电脑来管理,而非带有个人野心,饱受制约。所以,生就是爱,就是死。

问:自由而毫无冲突能够即刻达到吗?还是需要时间?

克:我们能够立即没有过去地活着,还是根除过去需要时间?根除过去需要时间?或者这使我们无法活在当下?这是问题。过去像隐匿的洞穴,像藏酒的地窖——如果你有酒的话。根除这些需要时间吗?"花时间"牵涉什么东西?我们是很习惯花时间的。我对自己说:"我要用时间,德性需要培养,需要每天修炼。我要逐渐地,慢慢地根除憎恨、暴力。"我们习惯这样,这是我们的制约。

于是我们问自己是否可能逐渐丢弃过去,这就涉及时间,这就是说,一方面暴戾着,一方面我们却说"我要逐渐根除暴戾"。"逐渐""一步一步"是什么意思?这段时间之内我一直都暴戾着。谈逐渐根除暴力是一种伪善。显然,如果我暴戾,我就无法逐渐根除暴戾。我只能立刻不再暴戾。我能不能立即停止心理上的东西?如果我接受"逐渐根除过去"的观念,我就无法根除过去。可是要紧的是看清楚现下这个事实,没有任何扭曲。我嫉妒,我就必须完整地观察到这一点。我观察我的嫉妒,我为什么嫉妒?因为我孤独,我依赖的那个人离我而去,我就面对空虚、孤立。我很害怕,所以我依赖你。所以你走开,我就生气、嫉妒。事实在于我孤独,我需要有人做伴。我需要另外一个人,不只是煮饭给我吃,给我舒适、性的快乐,而且是因为基本上我孤独。是因为这样,我才嫉妒。

我可以当下了解这种孤独吗?可以,如果我观察这孤独,批判地观察,用清醒的智力,不找借口,不找人填补空虚,我就可以。观察,需要自由。有了观察的自由,我就能够根除嫉妒。所以,认知嫉妒,完整地观察嫉妒,根除嫉妒不是时间的问题,而是专注而清醒地批判,不分别地观察事物当下生起的情状。由此而根除——当下而非未来根除——我们所说的嫉妒。

这些道理也可以应用在暴力、愤怒或抽烟、啤酒、性爱的习惯上面。非常专注地、用心智和心肠完整地观察,然后我们就会非常了解这些东西的内涵。在了解这些东西上得到自由,我们就得以自由。这种自由一旦开始产生作用,那么,不论有什么东西生起,任它是愤怒、嫉妒、暴力、残酷、暧昧、敌意，所有这一切都会当下受到我们完整的观察。其中就有自由，然后其中的事物就不再存在。

所以，过去的事物并不就是时间剔除的。时间不是自由之道。"逐渐"这个观念不是一种懒惰、一种无法立即处理过去事物的无能吗？事物生起之时，你立刻能够清晰地观察，全心全意地完整观察，过去就会停止。所以，时间和思想无法停止过去，因为时间和思想就是过去。

问：思想是心的运动吗？知觉是不动的心的作用吗？

克：我前几天说过，思想是记忆所生的反应。思想好比电脑，你在其中输入各种资讯，你要求答案，电脑储存的资讯就会有反应。同理，我们的心、我们的脑就是过去事物的储仓。这就是记忆。心一受到刺激，它就依据知识、经验、制约等在思想中起反应。所以思想就是运动，或者说正确点，是心和脑运动的一部分。

你想知道知觉是不是心的静止。如果心不动，你是不是还能够观察东西——树木、妻子、邻居、政治家、僧侣、美丽的脸？你对你妻子、你先生、你的邻居的印象，你对云、对快乐的知识，这些全部都会牵涉在内，对不对？只要有任何印象的干涉——不论是微妙或明显的印象——就不是观察，不是真正完整的知识。有的只是部分的知觉。要清晰地观察，必须观察者和被观察者之间没有任何印象介于其间才可以。你看一棵树，你能够看它而不带任何植物学知识，或者你关于它的快乐或欲望吗？你能完整地看它，因而使你（观察者）和你观察的事物之间的空间消失吗？这并不是说你要变成这棵树！可是那空间消失以后，观察者就跟着消失，剩下来的就是被观察的事物。这样的观察，里面就有认知——用异常的生命力看它，看它的色彩、形状、树干或树叶的美。没有了那个观察的"我"形成的中心，你就与你观察的事物紧密接触了。

我们有的是思想的运动。思想是心和脑的一部分。有了刺激，思想就必须提出答案。但是，要发现新事物，发现未曾看见的事物，你就必须全神贯注，毫无运动。这种东西不是什么神秘的事物，必须经年累月地修炼。神秘事物都是胡说。这种胡说八道就是思想分为两边观察才产生的。

你们知道喷射引擎怎么发明的吗？人有燃烧式引擎一切的知识，而他又在寻找另一种推进方法。这时候，你的观察就必须很安静。如果你带着你所有燃烧式引擎的知识不放，你只会看到你已经知道的事物。你已经知道的事物必须安静无声，你才会发现新的事物。同理，如果想看清楚你的妻子、先生、树木、邻居、整个失序的社会结构，你就必须安静地找到一种看的新方式，由此而找到新的生活方式、新的行动。

问：如何才能找到生活而不需理论和理想的力量？

克：生活而有理论有理想如何会有力量？生活而有公式、理想、理论如何会有大能量？你生活而有些公式，你如何会有能量？你的能量都消耗在冲突中了。理想在那边，你在这边，你努力要符合那边的生活。这就造成了分裂，造成了冲突，也就浪费能量。当你看这种能量的浪费，看见理想、公式、概念不断造成荒谬的冲突；你看到这一切，你就能够没有这一切而生活得有力量。然后你就有丰富的能量，因为你的能量完全不再浪费在冲突中。

可是你们看，因为我们的制约，我们却害怕这样生活。我们接受这个公式和理想的结构。人人都一样。我们拿这个结构生活。我们接受冲突，以冲突为生活方式。但是，如果我们看清楚这一点；不是口头上、理论上、知识上看清楚，而是用整个的生命感觉到这种生活的荒谬，这时我们才会有充裕的能量。这充裕的能量是要没有任何冲突才会有的。这样，唯一的，就是事实，此外无他。唯一的，就是你贪婪的事实；没有"你不应贪婪"的理想——这是浪费能量。你贪婪、占有、支配，这是唯一的事实。

你全神贯注于这唯一的事实，你就有能量来消解这个事实，然后你才能够自由地生活，没有什么理想、原则、信仰。这就是爱，就是死——让过去的一切死去。

阿姆斯特丹·1969 年 5 月 11 日

第七章

恐 惧

思想可以衍生各种心理的恐惧：害怕邻居不知道会说我们什么，害怕自己不是可敬的中产阶级，害怕自己不符合社会道德（这社会道德其实一点都不道德），害怕孤独，害怕焦虑（焦虑本身就是恐惧）。

抗拒·能量与专注

我们大部分人都陷在习惯当中，包括生理的、心理的习惯。有的人警觉到这一点，有的人不然。一个人如果警觉到自己的习惯，那么他能不能立刻停止这个习惯，而不经年累月陷于其中？知道自己有某一种习惯以后，是不是就能够毫无挣扎地停止这个习惯？不论是抽烟、头不经意的摇摆、习惯性的笑，是不是都可能立刻停止？意识到自己喋喋不休却言不及义，意识到自己内心的骚动不安——我们能不能毫无抗拒、毫无控制地意识到这些，从而毫不费力地、轻易地、立即地终止这些？这里面蕴含了很多事情。首先是要了解，为一件事挣扎，譬如某一种习惯，就会有对此一事物的抗拒。然后我们知道，任何抗拒都会滋长冲突。我们抗拒一个习惯，想压制它，与之斗争，那么原本用心了解这习惯所需的能量就会在这种斗争、控制中消耗掉。接下来牵涉的第二件事是，我们都把"需要时间"视为当然。不管什么习惯，都要慢慢地改变、克制、消除。

我们一方面已经习惯于"只有抗拒，发展相反的习惯，才能戒除习惯"的观念，另外一方面我们又习惯于"我们需要一段时间逐渐做到这一点"的观念。但是，如果我们认真地检视，我们就知道，任何抗拒都会造成进一步的冲突；而时间，尽管可以是很多天、很多礼拜、很多年，还是制止不了习惯。所以，我们就要问，我们有没有可能不用抗拒，不用时间，立刻停止一个习惯？

要免除恐惧，需要的并不是一个长时期的抗拒，而是能够应付这个习惯，立即将之消解的能量。这个能量就是专注。专注是一切能量的精髓所在。专注，意味着将一个人的心智、心肠、心理的能量专注于一个习惯；用这种能量面对那个习惯，知觉那个习惯。然后你就会看到那个习惯不再存在，那个习惯马上消失了。

我们可能认为人有一些习惯没什么要紧。或者我们会为习惯找借口。但是，如果我们能够在内心建立一种专注的质素，我们的心就会掌握到事实、真相。这种专注就是能量。要有这种专注才能消除习惯，然后知觉这习惯或传统。这时我们就会看到它完全消失。

我们讲话有一种习惯，或者喋喋不休，言不及义。此时如果我们有一种极为专注的知觉，我们就会有异常的能量。这能量不是由抗拒产生。其他的能量大部分都是，这个不是。这种专注的能量在于自由。如果我们真正了解了这一点——不是当理论了解，而是当已经实验过的事实，已经看到而且充分知觉的事实来了解，那么我们就可以继续探索恐惧的全部本质和结构。可是，我们必须记住，讨论这个极为复杂的问题的时候，我们之间口头的沟通会变得极为困难。如果我们听话的时候不够在意，不够专心，那么我们就不可能沟通。如果我说的是一回事，你们想的又是另一回事，那么我们之间的沟通显然就停了。如果你们关心的是自己的恐惧，你们完全专注在那个恐惧之上，那么你我之间口头的沟通也会停止。口头上要能彼此沟通，就必须有一种专注——这专注中有一种在意、勇猛，迫切要了解恐惧。

但是，比沟通更重要的是结合。沟通是言词的沟通，结合则是非言词的沟通。两个人互相很了解，他们可以不说一个字，立刻完全了解对方，因为他们已经建立了一种沟通方式。可是如果他们要处理一个非常复杂的问题，譬如恐惧，那么他们不但需要口头的沟通，而且需要互相结合。他们两人必须随时同行，否则就无法共事。现在就让我们来看看恐惧这个问题。

你们不要想免除恐惧。你越想免除恐惧，你就越制造抗拒。抗拒，不论是怎样的抗拒，都无法终止恐惧。恐惧将一直存在，你虽然努力逃避、抗拒、压制，恐惧永远都在那里。逃避、控制、压制，都是抗拒。你再使出多大的力量抗拒，恐惧就是不停止。所以，我们不谈免除恐惧。免除恐惧不是自由。请你们务必了解这一点。因为，要探讨这个问题，如果你们对我今天说的话很专注，你们等一下离开这个大厅时就不会再有恐惧。要紧的就是这件事，而不是我说什么，或没说什么，你们同意或不同意。重要的是，我们必须通过自己的生命，在心理上完全终止恐惧。

所以，我们不要想免除或抗拒恐惧，而是要了解恐惧的整个本质和结构。了解恐惧，意指学懂恐惧，注视恐惧，直接与恐惧接触。我们学习了解恐惧，不是学如何逃避，如何鼓起勇气抗拒。我们要学习。"学习"是什么意思？当然，"学习"不是要我们累积恐惧方面的知识。这一点你必须完全了解，否则探讨这个问题就毫无用处。我们平常都认为学习是知识的累积。我们如果想学意大利文，我们就必须累积单字、文法，以及组织文句的规则。有了这一切知识，我们才能说意大利话。这就是说，有了这种知识的累积之后，才有行动。这就涉及时间了。现在，我们说，这种累积不是学习。学习永远都是主动态。我们大部分人都习惯于累积知识、资讯、经验，然后据此采取行动。我们说的学习跟这个完全不一样。

知识属于过去。所以，当你依据知识而行动时，那是过去在决定那个行动。但是，我们说的学习却是在于行动本身，所以不会有知识的累积。

学习恐惧之为恐惧，是现在之事，新鲜之事。如果我用过去的知识、记忆、联想来面对恐惧，我们就无法直接接触恐惧，所以也就无法学习恐惧。如果我要学习，只有我的心是新鲜的、新颖的，才有可能。这就是我们的困难所在，因为，我们总是用联想、记忆、意外、经验来面对恐惧。所有这一切都在妨碍我们用新鲜的眼光看恐惧，全新地学习恐惧。

恐惧太多了，恐惧死亡，恐惧黑暗，恐惧失业，恐惧先生或太太，恐惧危险，恐惧匮乏，恐惧没人爱，恐惧孤独，恐惧不成功。这一切恐惧不都是一种恐惧的表现？所以我们要问：我们是要处理单单一种恐惧呢，还是处理恐惧的事实本身？

我们想了解的，是恐惧的本质，而非恐惧在某一方面上有怎样的表现。如果我们能够处理恐惧的本体事实，我们就能够解决某一种恐惧，或者处理某一种恐惧。所以，请不要拿着一种恐惧来说"我一定要解决这个恐惧"。你们要了解恐惧的本质和结构，然后才能处理个别的恐惧。

心处于没有任何恐惧的状态是何等重要。因为，有恐惧就有黑暗，有黑暗心就迟钝，然后心就会通过种种消遣寻求逃避，不论这种消遣是宗教、足球赛、收音机皆然。这样的心是害怕的，清楚不起来的，所以不知道爱的意味何在。这样的心可能知道快乐，可是当然不知道爱的意味何在。恐惧摧毁我们的心，使我们的心丑恶。

恐惧有心理的恐惧，也有生理的恐惧。生理的恐惧譬如碰到蛇、走到悬崖边。这种恐惧，这种遇见危险的生理恐惧不就是智力吗？悬崖在那里，我看见了，立即反应，我不接近这个悬崖。对我说"小心，有危险"

的恐惧不就是智力吗？这个智力是经过学问而累积的。曾经有人掉下去，所以我的母亲或朋友告诉我说"小心那个悬崖"。所以，这种恐惧由生理表现出来，是记忆和智力同时在运作。然后，也有从生理恐惧而生的心理恐惧。害怕再罹患曾经很痛苦的病。曾经有过纯粹生理的疾病，我们不希望这病痛再发生，于是，虽然实际上并没有这种生理疾病，我们却产生了心理的恐惧。那么，这种心理的恐惧能不能因为完全的了解而不再存在？我有痛苦，我们大部分人都有。那是一个礼拜或一年以前。这个痛苦极难忍受。我不要它再发生，我害怕它再发生。这里面发生了什么事？请注意听。这里面有的是这个痛苦的记忆，而思想在说"小心，别让它再发生"。想到过去的痛苦就产生这痛苦可能再来的恐惧。思想为自己带来了恐惧。这是恐惧的一种。恐惧疾病复发，又带来痛苦。

思想可以衍生各种心理的恐惧：害怕邻居不知道会说我们什么，害怕自己不是可敬的中产阶级，害怕自己不符合社会道德（这社会道德其实一点都不道德），害怕孤独，害怕焦虑（焦虑本身就是恐惧）。凡此种种，都是以思想为依据的生活的产物。我们有的，不但是这种意识上的恐惧，而且也有隐藏于心灵深处的恐惧。我们或许能够处理意识上的恐惧，但是处理心灵深处的恐惧就难多了。我们如何揭露这种隐藏于心理深处的恐惧？意识心能吗？意识心以它活跃的思想能够揭露潜意识，揭露那隐匿之物吗（我们这里所说的"潜意识"不是指专门技术上的潜意识。这里所说的潜意识指的是没有意识到或知道的那些隐匿的层次。除此之外没有其他意思）？意识心，饱受训练以求生存，饱受训练以与事物之实然同行不悖的心——你们都知道这个心有多狡猾——这个意识心有办法揭露潜意识的全部内容吗？我认为没有办法。它或许能够揭露其中某一层面，而依照自己所受的制约将它改变。但是，这种改变不过进一步使意识心蒙上偏见，于是无法完整地检视潜意识的下一个层次。

我们知道，光是在意识上努力，很难检视内心深层的内涵。我们这肤浅的心除非完全免除制约、成见，免除所有的恐惧，否则就无法看。我们知道这个无法是极端无法，乃至于完全无法。于是我们就问了：还有没有别的办法？完全不一样的办法？

我们的心能不能经由分析、自我分析或专家的分析而掏空恐惧？这里面牵涉到一样东西。我一层一层地分析自己，看我自己；我检视、判断、评价；我说，"这一点对"，"这一点错"，"我依据这一点"，"我去除这一点"。我这样分析的时候，我和我分析的事物是不一样的事物？我必须为自己回答这个问题，看看真相如何。分析者与他分析的事物，譬如嫉妒，有所别吗？没有。他就是那嫉妒本身。可是他想将自己与那嫉妒分开，将自己作为一个实体，并说："我将注视这个嫉妒，根除它或碰触它。"可是这个嫉妒和分析者其实彼此是对方的一部分。

分析的过程牵涉时间。这就是说，我用了很多天，很多年来分析自己。可是许多年以后，我依然害怕。所以，分析不是办法，分析需要大量的时间。可是，如果你家失火了，你不会坐下来分析，或者跑去找专家，要他"请告诉我我是怎么一回事"。这个时候你必须行动。分析是一种逃避、懒惰、无效。（精神官能症患者去找心理分析医师或许没错。可是他这样仍然无法完全治好精神官能症，这是另一个问题。）

"意识到潜意识而分析自己"不是办法。心明白了这一点，就对自己说，"我不再分析，我知道分析毫无价值"，"我不再抗拒恐惧"。你们知道这样以后心会怎样吗？心弃绝传统的方式，弃绝分析、抗拒、时间以后会怎样？心会变得异常敏锐。心，经由必要的观察，变得异常集中、敏锐、活生生的。它会问，还有没有什么方法可以发掘它全部的内容：它的过去、种族传承、家庭、文化与宗教传统——两千年乃至于一万年的产物，心能不能够根除这一切？能不能将这一切摆在一边，因而摆脱一切恐惧？

所以，我现在有这个问题。这个问题，我这个敏锐的心——已经将必然耗费时间的分析摆在一边，因此已经没有明天的心——必须完全解决，现在就解决。所以，现在没有了理想，没有"未来"在说"我必须根除问题"。所以，现在，心的状态是"全神贯注"的状态。它不再逃避，不再发明时间来解决问题，不再分析、抗拒。所以，这个心有了一种全新的质素。

心理学家说，我们必须做梦，否则就会发疯。我且自问："为什么我非得做梦不可？"有没有一种可以让我们完全不做梦的方式？因为如果完全不做梦，心才能真正地休息。心活动了一整天，看、听、问；看云的美、美人的脸容、水、生命的运动，心一直在看；所以，等到它去睡的时候，它就必须完全休息，否则明天早上醒来，它还是一样累，一样老。

所以我们会问，有没有一种生活方式是可以完全不做梦，因此使心睡觉时得到完全的休息，从而得到一种醒着的时候得不到的质素？要得到这种生活方式，只有——这是事实，不是假设、理论、发明、希望——你在白天完全清醒才有可能。只有你完全清醒地看到自己思想的每一次运动、每一次感受；清醒地看到你讲话、走路、听人讲话时深层的动机和线索，看到自己的野心、嫉妒，看到自己对"法国的光荣"的反应，看到自己读到一本书说"所有的宗教信仰都是胡说八道"时的反应，看到信仰所蕴含的意义——只有清醒地看到这一切，才有可能。坐公车时，和妻子、儿女、朋友谈话时，抽烟时，你为什么抽烟，读侦探小说时，你为什么读侦探小说，看电影时，为什么看电影？为了刺激，为了性？醒着的时候完全地清醒。看见一棵美丽的树，看到一朵云飞过天空，这时就要完全知觉内在和外在发生的一切，然后你就会看到自己睡觉时完全没有梦。然后隔天早上，你的心就是新鲜、勇猛、活生生的。

巴黎·1969 年 4 月 13 日

第八章
超　越

生命既然是如此粗浅、空虚、折磨，没什么意义，我们就想发明一个意义，给它一个意义。如果我们有某种聪明，这种发明的意义和目的就变得异常复杂。

参见实相·沉思的传统·实相与安静的心

　　我们一直在谈这个世界的混沌、暴力、混乱。我们谈这些不只指外在，也指人心。暴力是恐惧造成的。所以，我们也讨论过恐惧这个问题。可是，我认为我们现在应该来讨论超越这个问题。对于我们大部分人而言，这个问题有点"外来"。可是我们不能排斥这个问题，说它是假象，是幻觉。我们必须认真考虑。

　　自有历史以来，人由于知道生命短暂，充满了意外、悲伤，而且一定会死，所以就一直在构筑一个观念，谓之"上帝"。他知道生命转瞬即逝，所以他想体验一种异常伟大、崇高的事物，体验一种不是由感情或心聚合的事物。他想体验，或者摸索着走入一个完全不一样，超越这个人世，超越一切悲惨与折磨的世界。他想寻找，他想向外寻求这个超越的世界。所以，我们应该探讨一下这样一个实相——怎么称呼都没有关系——这样一个全然不同的向度到底有没有。当然，要参透其中的深度，我们必须知道，光是在言谈层次上了解是不够的；因为，事物的描述永远不是事物本身，文字永远不是事物。这个奥秘，人一直想进入、掌握、邀来、崇拜，成为它的祭拜者。那么，我们能够参透这些奥秘吗？

　　生命既然是如此粗浅、空虚、折磨，没什么意义，我们就想发明一个意义，给它一个意义。如果我们有某种聪明，这种发明的意义和目的就变得异常复杂。由于找不到美、爱、广大感，我们或许就变得犬儒，不再相信什么事情。我们知道，当生命没有任何意义——我们的生命真的就是这样，我们的生命毫无意义——的时候，光是发明一个意识形态、一个公式来证明有上帝或没有上帝实在荒谬。所以，让我们不要只是发明意义。

我们是否能够一起寻找看看有没有一种实相不是知识或感情的发明，不是逃避。整个历史上，人一直在说有这样的一个实相，而我们必须为这个实相做准备；你必须做某些事情，训练自己，抗拒某些诱惑，克制自己，克制性欲，符合宗教权威、圣人等制定的模式：你必须否定这个世界，进入僧院、洞穴沉思，保持孤独，不受诱惑。我们知道这种努力很荒谬，我们知道自己不可能逃避这个世界，逃脱"实然"，逃脱苦难，逃脱分歧，逃脱科学所带来的一切事物。而神学，我们显然必须弃绝一切神学、一切信仰。我们将种种信仰完全放在一边，才能够没有任何恐惧。

我们知道社会道德其实并不道德。我们知道自己必须非常道德，因为，道德毕竟是人内在与外在秩序唯一的导因。但是这道德必须是行动的道德，不是观念或概念的道德，而是实际的道德行为。

人可能不可能不用压抑、克制、逃避而规范自己？"规范"的根本意义是"学习"，不是符合或成为某人的门生，不是模仿、压制，而是学习。学习行为，最先要求的是规律，不是施加于某一意识形态的规律，不是僧侣的禁欲苦行。可是如果没有一种深刻的刻苦，我们的日常生活必定失序。我们知道自己内部有完整的秩序是多么必要。这秩序必须是数学般的秩序，而非相对的、比较的秩序，不是环境的影响造成的秩序。我们必须建立正确的行为，我们的心才会有完整的秩序。一个受环境折磨、挫折、塑造的心，一个符合社会道德的心必定混淆不清。混淆的心就无法发现真实。

我们的心如果想遇见那个奥秘——如果有这个奥秘的话——就必须先奠定一种行为基础，一种道德。这种道德不是社会道德，这种道德没有任何恐惧，所以是自由的。这个时候，奠定了这个深入的基础之后，我们的心才能够开始寻找"沉思"——这种安静，这种观察——之为物，是什么东西。这个沉思不是"观察者"。一个人的生活，如果不先在行动上建立这种"行为正确"的基础，沉思就没有什么意义。

包括禅和瑜伽，沉思在东方有种种教派、体系、法门。然后这些法门又给介绍到西方来。我们必须很清楚，这个现象意思是说我们的心只要运用一种方法、体系，符合某一传统模式，就可以发现那个实相。我们都知道，这种事不管是从东方带过来还是这里发明的，都很荒唐。方法意味着一致、重复。方法意味着一个有某种悟的人在说要这样做不要那样做。而我们这些渴望看见那个实相的人就日复一日，好像机器一样，顺从、符合、练习他们告诉我们的那些东西。一个呆钝的心，一个不是非常明智的心才能不断地修炼一种方法，然后越来越呆钝，越来越愚笨。它在它那些制约的领域会有它的"体验"。

你们有些人可能去过东方学沉思。那背后有一个很完整的传统。在印度，乃至于整个亚洲，这个传统在古时候一直扩展。这个传统如今仍盘踞人心，无数的著作仍然在讨论这个传统。可是，利用传统——过去和传承——来寻求是否有实相，这种努力显然是一种浪费。我们的心必须免除一切精神传统和裁示，否则就极度缺乏一种最高智慧。

这样，何谓沉思？沉思没有传统吗？是的，沉思不可以是传统。没有谁能够教你沉思。你不能遵循某一途径，然后说，我顺着这个途径学习何谓沉思。沉思内部的意义在于心里完全安静，不只意识层安静，而且深刻的、秘密的、潜匿的潜意识层也要安静。因为彻底而完全安静，所以思想也就安静，不再四处游荡。我们刚刚所说的沉思传统有一派说我们必须控制思想。可是思想并不是要控制，而是要摆到一边。要把思想摆在一边，我们就必须密切地、客观地、不带感情地注视思想。

传统说你必须有师父来帮助你沉思。他会告诉你怎么做，而且有他自己的传统：祈祷、沉思、告解。可是，这里面整个原理是有人知道而你不知道，知道的人会来教你，使你悟道。这个原理就蕴含着权威、师父、拯救者、上帝之子等等。他们说他们知道而你不知道，照这个方法、这个传统做，每天练习，如果你运气好，到最后你就会到达"那里"。其实这一切表示你整天都在和自己打架，想让自己符合某一模式、系统。你压抑自己的欲望、胃口、嫉妒、野心。这表示你的实然与相应于那个系统的应然之间有冲突。有冲突表示你在用力。一个用力的心当然不可能平静。因为用力，所以心不可能完全安静。

传统还说要集中控制思想。集中其实大多是抗拒，只是在自己四周建立一道墙，只是你聚集在一个观念、原理、景象或心愿之上，而你想保护它。传统说你必须经过这一切才能找到你想找的东西。传统说你必须和每一个圣人——这些圣人多多少少都神经质——所说的一样，没有性生活，不看这个世界。可是，当你看清——不只言谈上、知识上，而且是实际上——这里面牵涉到什么东西时（要能看清，你必须不是投入其中，而是能够客观地看它），你才能完全弃绝这一切。我们必须完全弃绝这一切，因为，我们的心将在这弃绝中得到自由，因而聪明、了然，因此不陷于假象。

以最深刻的意义而言，沉思必须先有德性，有道德。这道德不是某一模式、某一实际，或某一社会秩序的道德。这道德必须自然地、不可免地、甜蜜地起自于了解自己，清楚自己的思想、感情、活动、胃口、野心的时候——毫无分别地、纯粹是"观察"的清楚。这个观察里面会出现正确的行为。正确的行为无关乎理想。然后，当这种清楚以它的美和一点都不艰苦的淡泊——只有用力时才会艰苦——深深地存在于我们内心，当你观察一切系统、方法、承诺，客观地，不分好恶地看这一切的时候，你才能完全弃绝这一切，这样你的心才能免除过去的一切。到了这一地步，你才能开始寻找何谓沉思。

如果你没有真正奠定这个基础，你还是可以"玩"沉思。可是这却毫无意义。这好比有些人到东方寻找师父。师父告诉他们如何打坐、如何呼吸，做这个做那个。然后他们回来，写了一本书——仍然是胡说八道。人必须是自己的师父，自己的徒弟。除此之外别无权威。有的只是"了解"。

要了解，只有在观察而没有观察者这个中心时才有可能。你借观察、注视寻求何谓了解吗？了解不是知识的过程。了解不是直觉或感觉。一个人说"我很了解这件事"时，是因为他有一种出于完全安静的观察。只有这个时候才会有了解。你说"我了解一件事"时，你的意思是说你的心很安静地在听，既非同意也非不同意。那个状态很完整地在听，只有这个时候才有了解，而了解就是行动。但这不是先有了解，然后才有行动，而是两者同时，两者是一个运动。

所以沉思——传统给这个字眼加上了重大的负担——将要这样不用力地，毫无冲突地将心和脑带到最高能力。这就是智力，高度敏感。这时的脑——过去一切的储仓，经过一百万年的演化，一直都很活跃——

是很安静的。

脑一直在反应事情，即使是最小的刺激也会依照过去的制约起反应。这样的脑可能静止吗？传统论者说，修炼知觉、调节呼吸就能够使脑平静。但这就造成了一个问题："那个控制、修炼、塑造脑的事体是什么人"？会说"我是观察者，我要控制脑，使思想停止"的，不就是思想本身吗？思想滋育了思想者。

脑有没有可能完全安静？沉思的部分责任就是去寻找——而非由人来告诉我们——如何做。谁都无法告诉我们该怎么做。你的脑饱受文化、经验的制约，本身就是长久演化的结果。这样的脑可能安静吗？如果脑不安静，它见到或体验到什么东西都会扭曲，都会依照过去所受的制约而改变。

睡眠在沉思和生活中扮演什么角色？这是一个有趣的问题。如果你曾经探讨过这个问题，你将会发现很多东西。我们上次说过，梦不是必要的。我们说，心、脑白天的时候必须完全知觉——专注于内在和外在的事情，知觉内在对外界的反应，因为紧张而激起这反应，专注于潜意识的线索——然后一天结束时脑再将这一切做个总结。如果你一天结束的时候没有将这一切做个总结，到了晚上，到了你睡觉的时候，脑就还要继续工作，将秩序带到脑里面——这一点很明显。可是如果你做到了这一点，那么你睡觉的时候就会学到一种全新的东西，学到一个全然不同的向度。这就是沉思的一部分。

我们要做的是奠定行为基础。这里面的行动就是爱。我们要做的是弃绝一切传统，然后心才能够完全自由，然后脑才能够完全安静。如果你曾经深入这个问题，你就知道脑可以不用任何技巧，不吃药，光是通过白天主动而又被动的专注而安静下来。如果一天终了的时候你曾经清点一天的事情，因而厘清其中的秩序，那么你睡觉时，脑就会很安静，以另一种运动学习事物。

所以这个整体，这个脑、一切都会很安静，没有任何扭曲。只有这个时候，如果真有什么实相的话，心才能够领受。实相，那种广大——如果有这种广大、无名、超越，如果有这种东西的话——不是邀请就会来的。只有安静的心才能看清这个实相的真或假。

你可能会说："这一切和生活有什么关系？我每天都要过活、上班、洗碗、坐公车、忍受一切噪音，沉思与这一切有什么关系？"可是，毕竟沉思就是了解生活。日常生活有它的一切复杂、悲惨、哀伤、孤独、绝望、名声与成功的追求、恐惧、嫉妒，了解这一切就是沉思。不了解生活而只想寻求那奥秘实在很空洞，毫无价值。这好比一个失序的生命、失序的心却想发现数学的秩序一样。沉思与生活的一切有关。沉思不会变成一种感情的、喜悦的状态。有一种喜悦不是快乐。这种喜悦只有在自己内心有一种数学般的秩序时才会产生，这种喜悦是绝对的。沉思是生活之道，每一天的生活之道；只有这个时候，那不可毁坏的，超越时间的才会存在。

问：那个知道自己的反应的观察者是什么人？这里面用掉了什么能量？

克：你曾经毫无反应地看过什么东西吗？你曾经看树，看女人的脸、山、云、水面倒影而不带好恶，只是观察，不用快乐或痛苦去演绎吗？在这种观察里面，如果你是完全专注的，还会有观察者吗？试试看，先生，不要问我。你自己做就知道。不带判断、评价、扭曲地观察反应，全神贯注于每一个反应，在这种专注中你就会知道什么观察者、思考者、体验者都是没有的。

第二个问题是：要改变自己的什么东西，造成转变，造成心灵的革命，这里面用到了什么能量？如何拥有这种能量？我们现在就有能量，可是这能量却在紧张、矛盾、冲突当中消耗了。两种欲望之间，我必须做和应该做的事情之间的斗争也需要能量。这些事情都消耗了大量的能量。所以，如果没有任何矛盾，你就会拥有很大的能量。看看你的生活，实际地看一看。你的生命是一种矛盾。你希望平静，可是你恨某一个人。你希望爱人，可是你充满野心。这种矛盾助长了冲突、挣扎。这挣扎就会浪费能量。如果没有任何矛盾，你就会有无上的能量来转变自己。我们会问，"观察者"和"被观察者"之间，"经验者"和"经验"之间，爱和恨之间如何可能没有矛盾？这种种二元性，人如何没有这些而生活？人之所以能够如此，是因为除了这些事实之外，别无他物——除了你恨、你暴力的事实之外，观念上别无与之相对之物，你害怕的时候就会发展相对之物，发展勇气；而这相对的勇气就是抗拒、矛盾、用力、紧张。但是，如果你完全了解恐惧之为物是什么东西，你不逃到对面，如果你全神贯注于恐惧；那么不但心理上恐惧会止息，而且你会拥有能量来面对恐惧。传统论者说，"你必须有这种能量，所以你必须禁欲、出世、凝神、心念上帝、不受诱惑"，只是为了要拥有这种能量。但是，我们毕竟是人，有我们的胃口，内在燃烧着性的、生物的欲望，一直想做什么事、控制、强迫，所以一直在消耗能量。但是，如果你与这些事实同在，除此而外不做其他事情——如果你生气，你了解它，但你没有要自己"如何才能不生气"，你与它一起生活，全神贯注于它——你就会看到自己有很丰富的能量。使我们心智清明，心灵开放，因而拥有充沛的爱的，就是这种能量——不是观念，不是情绪。

问：你所说的喜悦是什么东西？你能形容吗？你说喜悦不是快乐，爱不是快乐吗？

克：喜悦是什么？你看云，看云中透出的光时，那里面有美。美是一种激情。看见云的美、光的美、树的美，必然就有激情，必然就有激动。这种激动、这种激情里面没有任何情结，没有喜欢或不喜欢。喜悦非关个人。喜悦既不属于你，也不属于我。有沉思的心，就有它的喜悦，那是无法形容，无法纳入语言的。

问：你是不是说没有所谓善恶，所有的反应都是好的。你是这个意思吗？

克：不，先生，我没有这么说。我是说，观察你对事物的反应时，不要说它善或恶。你说它善或恶时，你就造成矛盾。你是否曾经看着你的妻子——很抱歉我举这个例子——心里不存有一个她的形象，一个你拼凑了三十几年的形象？你心里有她的形象，她心里有你的形象。你和她没有关系，有关系的是这些形象。你不专注于你们的关系时，你就会有这种形象——漫不经心滋育了形象。你能不能看着你的妻子而不憎恨、评价，不说她这里对，那里错？看着她不带成见？如果你能，你就会看到这种观察里面有了一种全新的行动。

巴黎·1969 年 4 月 24 日

第九章

论暴力

老师对乙说："你应该和甲一样。"老师在比较甲和乙的时候，其间就有暴力产生。老师就此毁了乙。所以，请你看看这个事实意味着什么。我在"实然"上苛责"应然"（理想、完美、形象），这个事实里面就有暴力。

何谓暴力·苛责的精神暴力·观察之必要·漫不经心

克：我们这些讨论的目的在于一种创造性的专注，在我们讲话的时候创造性地注视自己。随便讨论什么问题都可以，可是每一个人都要努力奉献，而且要有一种坦诚。不是无情或粗鲁地暴露别人的愚蠢或聪明，而是每一个人都要参与讨论一个问题所有的内容。不论我们说我们感受到什么，探索什么，我们都要有认识新东西的感觉。这不是在重复老东西。这是一种创造，是用语言表达自己时表达了我们发现自己时所发现的新东西。我觉得，我们的讨论要这样才有价值。

问（一）：能不能深入讨论"能量"以及能量为什么会浪费？

问（二）：你一直在说暴力，战争的暴力、对待别人的暴力、想别人看别人的暴力，可是保护自己的暴力怎么说呢？假设我受到野狼的攻击，我一定会全力反抗。我们能够一部分是暴力，另一部分不是吗？

克：你说的是有一种暴力会扭曲我们，使我们符合社会模式或道德，但另一方面则有保护自己这个问题。有时候为了保护自己，我们需要暴力或类似暴力的东西。你想讨论的是这一点吗？

听众：对。

克：首先我建议我们先讨论各种心理暴力，好吗？然后我们再看看遭受攻击时，保护自己的意义何在。我不知道你们心目中的暴力是怎样。对你而言，何谓暴力？

问（一）： 一种防卫。

问（二）： 打扰我的平安。

克： 暴力，以及暴力这个字眼、这种感觉，暴力的本质对你而言有什么意义？

问（一）： 一种侵犯。

问（二）： 受到挫折就会很凶恶。

问（三）： 一个人如果无法完成一件事，就会凶恶。

问（四）： 就失败而言，是一种恨。

克： 暴力于你而言代表什么？

问（一）： "我"之下的一种危险的表达。

问（二）： 恐惧。

问（三）： 你当然会在暴力当中，或者生理上或者心理上会伤害别人或什么事情。

克： 你是不是因为非暴力所以才懂得暴力的？如果没有暴力的相对，你会懂得暴力吗？是不是因为你懂得非暴力，所以你才懂得暴力？你如何了解暴力？我们因为有侵略性，好竞争——我们这一切的影响就是暴力——所以我们才构筑出非暴力状态。但是如果这两种相对，你知道何谓暴力吗？

问： 我不会说暴力是什么，可是我可以感觉到一种东西。

克： 这种感觉之所以存在，是因为你知道暴力吗？

问： 我想这是因为暴力使我们痛苦。这种感觉不健康，所以我们想去除。这就是我们想要非暴力的原因。

克：我不懂暴力，也不懂非暴力。我一开始没有任何概念或公式。我真的不知道暴力的意味，我想找出来。

问：*受伤和受攻击的感觉使我们想保护自己。*

克：是，我了解。这一点我们以前就说过。我还是想知道何谓暴力。我想研究、探索暴力。我想连根拔除暴力，改变暴力，你明白吗？

问：*暴力就是没有爱。*

克：你懂得何谓爱吗？

问：*我知道这一切都来自我们自己。*

克：是的，就是这样。

问：*暴力来自我们自己。*

克：对。我想知道暴力是来自外在还是内在。

问：*那是一种保护。*

克：我们慢慢来。这个问题很严肃，全世界都牵涉其中。

问：*暴力浪费了我们一部分能量。*

克：每个人都谈暴力和非暴力。大家都说："你要很凶。"或者，如果知道暴力的后果，就说："你要和平地生活。"我们从书本、传教士、老人那边听到太多这种话。但是我想知道我们是否可能找出暴力的本质以及暴力在生活中的地位；什么东西使人凶恶、有侵略性、好竞争？暴力的发展是否有一定的模式——虽然这个模式可能满高贵的？暴力是不是人自己或社会施加的一种规律？暴力是否就是内在与外在的冲突？我想知道暴力的起源何在。不如此，我只不过在玩文字游戏。就心理学意义而言，人凶恶是不是很自然？至于身心状态，我们以后再讨论。就内在而言，暴力是否就是侵略、愤怒、怨恨、冲突、压制、顺从？顺从是否就建立在不断寻找、完成、到达、自我完成等等的挣扎之上？如果我们无法深入讨论这一点，我们就不知道如何创造一种不一样的日常生活状态。日常生活原来要求的是一种高度地保护自己。对不对？让我们从这里开始。

你们实际上，在内心，不是在言词上，认为暴力是什么？

问（一）：违犯某种东西。暴力加之于一物上面。

问（二）："排斥"呢？

克：让我先说第一项。违犯"实然"。我很嫉妒。我在这个实然上面加了一个不要嫉妒的观念："我不可以嫉妒。"这种苛责，这种"实然"的违逆，就是暴力。我们必须一点一点地讲。长句子会掩盖整个事情。"实然"不是静态的，永远在变动。我在某一事物上加上一件我心目中的"应然"，于是违逆了这一事物。

问：你的意思是说，我生气的时候我想生气不应该，然后我克制自己不生气，这就是暴力？或者我表现出生气才是暴力？

克：请你看看这种情形，我很生气，为了发泄，我打你一下。这就形成了一连串的反应，于是你也打我一下。所以，生气的表达就是暴力。所以，如果我在我生气这个事实上苛责另外一件事，要自己"别生气"，这不就是暴力吗？

问：我同意这个非常一般性的定义，但是这种苛责的发生必然是非常残暴，所以才变成暴力。如果你用温和渐进的方式来苛责，就不会是暴力。

克：先生，我了解。如果你温和、渐进地来苛责，就不是暴力。我温和而渐进地压制我的恨，由此而违逆"我恨"这个事实。这，这位先生说，就不是暴力。可是，不论你是温和还是凶恶，事实在于你在"实然"上苛责了另一件事。这一点你我是否多多少少互相同意？

问：不。

克：让我们来看看。譬如说我野心很大，想成为全世界最伟大的诗人（或其他什么）。可是因为我没有办法，所以我受到挫折。这种挫折，这种影响，就是相应于我不是最伟大诗人这一事实的暴力。你比我好，所以我感觉挫折，这个挫折不就会滋长暴力吗？

问：所有反对一个人、一件事的行为都是暴力。

克：请务必注意其间的难题所在。我们现在有的是事实以及违逆事实的另一次行动。譬如说，我不喜欢俄国人，或德国人，或美国人，我有我的看法或政治判断。这就是一种暴力。我苛责你某种东西，这就是暴力。我拿自己和你比较（你比较伟大，比较聪明），我就违逆我自己，是不是？这时我就是暴力。学校里老师拿甲和乙比较。甲每次考试成绩都很优秀。老师对乙说："你应该和甲一样。"老师在比较甲和乙的时候，其间就有暴力产生。老师就此毁了乙。所以，请你看看这个事实意味着什么。我在"实然"上苛责"应然"（理想、完美、形象），这个事实里面就有暴力。

问（一）：我内心深觉如果你抗拒任何有破坏性的东西，就会有暴力。可是，如果你不抗拒，你又可能违背自己。

问（二）：这是不是和我，和一切暴力之源的"我"有关？

问（三）：假设我采用你们的理论。假设你恨某人，可是想消除这种恨。这时候有两种途径。一个是用全部的力气消除憎恨，这时你就对自己形成了暴力。另一个是你花时间，苦心地了解自己的感受以及你憎恨的对象，这时你会逐渐克服憎恨。于是你就用非暴力解决了这个问题。

克：先生，这一点很清楚。对不对？我们现在努力的不是如何用暴力或非暴力的方式消除暴力，而是暴力在我心里制造了什么东西。就心理上而言，我们心里的暴力究竟是什么东西？

问："苛责"里面不是有一种东西破坏了吗？于是我们觉得不舒服。这不舒服就会造成暴力。

克：这破坏的东西就是我们的观念、生活方式等等。这使我们不舒服。这不舒服就会造成暴力。

问（一）：暴力可以来自外在，也可以来自内在。一般而言我谴责的是外在的暴力。

问（二）：支离破碎的生活是不是暴力的根源？

克：等一下，表示暴力为何物的方式有很多种，表示其原因的方式也有很多种。我们能不能先看简单的事实，再从这个事实慢慢开始？我们能不能看出任何一种苛责——父母对孩子、孩子对父母、老师对学生的苛责，社会的苛责，僧侣的苛责——都是一种暴力？我们是不是都同意这一点？

问：这都是来自外在。

克：不只外在，也来自内在。我很生气，我对自己说我不应该生气。我们说这就是暴力。外在，独裁者压制人民，就是暴力。因为我害怕我的感觉，因为我的感觉不高贵、不纯洁，我就压制我的感觉，这也是暴力。所以，不接受"实然"就会造成这种苛责。如果我接受"我很嫉妒"的事实，不抗拒，就不会有这种苛责。这时我就会知道怎么办。这里面就没有暴力。

问：你是说教育就是暴力。

克：对。有哪一种教育方法没有暴力的？

问：就传统而言，没有。

克：问题是，本质上，我们在思想上，在生活方式上都是暴力的人类。我们有侵略性，好竞争，残暴。这一切就是我。但是，因为暴力造成了世界极度的对立和破坏，于是我就对自己说："我如何才能活得不一样？"我想了解暴力，去除暴力，我想活得不一样。于是我问自己："我内在的暴力是什么东西？因为我想出名，可是无法出名，于是我有挫折，于是我恨那些名人。这种挫折就是暴力吗？"我很嫉妒别人，但我希望自己别嫉妒别人，我讨厌这种嫉妒的状态，因为这种嫉妒的状态带来了焦虑、恐惧、不安。于是我就压制嫉妒。我做了这样的努力，但我知道这是一种暴力。现在我想知道这样的暴力是否不可免，是否有方法了解暴力，检视暴力，掌握暴力，因而使我们活得不一样。因此我想知道何谓暴力。

问：暴力是一种反应。

克：你太快了。这样能够帮助我了解我的暴力的本质吗？我想深入这个问题，我想要知道。我知道，只要还有二元性——暴力与非暴力——存在，就必然有冲突，因此就更为暴力。只要我对"我很愚笨"这个事实还苛责"我要聪明"的观念，就会有暴力的起源。我拿自己和你比较，你比我多很多，这比较也是暴力。比较、压抑、控制，所有这一切都表示一种暴力。我给塑造成那个样子。我比较，我压抑，我野心勃勃。知道了这些之后，我要如何才能够活得没有暴力？我想找一种完全没有这一切挣扎的生活方式。

问：违逆事实的，不就是那个"我"，那个自我吗？

克：我们会讨论这一点。先看事实，看眼前正在进行的事。我的生命，从我开始受教育到现在，一直就是一种暴力，社会告诉我要服从、接受，要这么做、那么做，我都听。这是一种暴力。后来我反叛社会（不接受社会订立的价值观），这反叛也是一种暴力。我反叛社会，建立自己的价值观——这变成一种模式。我用这模式来苛责自己或别人，这又变成一种暴力。我过的是这样的生活。我很暴力，现在我要怎么办？

问：首先你要问自己为什么你不想再暴力。

克：因为我知道暴力使世界变成现在这个样子。外在有战争，内在有冲突——种种关系上的冲突。我客观而内在地看到这一场战争在进行，于是我说："当然，一定有另一种生活方式。"

问：你为什么不喜欢那种状况？

克：因为破坏性很大。

问：这表示你已经赋予爱最高价值。

克：我没有赋予任何事物任何价值。我只是在观察。

问：只要你不喜欢，你就定了价值。

克：我不定价值，我只是观察。我观察到战争具有毁灭性。

问：有毁灭性有什么不对？

克：我没有说它对或不对。

问：那么你为什么想改变战争？

克：我想改变战争，是因为我的儿子在战争中阵亡，然后我问自己说："难道没有一种生活方式是不杀人的吗？"

问：所以你想做的其实只是实验一种不同的生活方式，然后将这种生活方式与现行的生活方式比较。

克：不，先生。我不做什么比较。我已经表达过这一点。我看到我的儿子在战争中阵亡，我说："难道没有另一种生活方式吗？"我想知道有没有一种生活是不存在暴力的。

问：可是假设……

克：先生，不要假设。我的儿子在战争中阵亡，我想知道一种生活方式是别人的儿子不用阵亡。

问：所以你想知道的是一个可能性或两个可能性里另外一个可能性。

克：有十几个可能性。

问：你急切地想找到另一种生活方式，所以不论这生活方式是怎样的生活方式，你都会接受。你想实验这种生活方式，比较这种生活方式。

克：不，先生。我想你之所以坚持一样东西，是因为我没有讲清楚。

一个是我接受生活现状，这种生活方式里面有暴力等一切。一个是我说我们必须有另一种人类智力范围之内发现得到的生活方式，这种生活方式里面没有暴力。就这样。另外我还说，只要我们还比较、压抑、服从，要求自己符合一种模式，就会有暴力。这里面有冲突，所以有暴力。

问：为什么会有混乱？混乱不都是因为"我"而产生的吗？

克：先生，我们会讨论这一点。

问：暴力之下的那个东西，那个根，暴力的本体，是实际在产生影响力的事实。由于"我们存在"这个事实，我们影响到生命的其他部分。我在这里，我呼吸空气，我影响到空气中的生命。所以我说暴力的本体是实际在影响事物的事实。这些事实是生命中固有的。我们在不和谐、在失调中影响别人时，我们称之为暴力。可是如果我们与之和谐，那就是暴力的另一面——可是仍然还是一种影响。一个是和谐的影响，一个是"反对的影响"——这就是"违背"。

克：先生，我可以问一件事吗？你关心暴力吗？你涉入暴力吗？你关心你内在的、世界的暴力，因此你觉得"我不能这样生活"吗？

问：我们反对暴力就会制造问题。因为反对就是暴力。

克：先生，我懂。但是我们怎样处理这件事？

问：我不同意社会，反对金钱、效率等观念就是我的暴力。

克：是的，我懂。所以反叛现有的文化、教育等就是暴力。

问：我是这样看我的暴力的。

克：是的，所以你要怎么办？我们要讨论的是这个。

问：我想知道的是这个。

克：我也想知道。所以让我们讨论这一点。

问：如果我是和一个人有问题，我会很清楚。如果我恨一个人，我也会知道。但是如果是社会，就不可能。

克：请让我们讨论这一点，我反对现在的社会道德结构。我知道光是反对这种道德，而不知道真正的道德何在，就是暴力。何谓真正的道德。除非我知道，并且生活上也符合，否则光是反对社会道德结构就没有什么意义。

问：先生，除非你生活中实际体验到暴力，否则你不可能了解暴力。

克：喔！你是说我必须凶恶，才能了解非暴力？

问：你说要了解真正的道德，必须实践。你必须凶恶才知道何谓爱。

克：你说我必须实践时，你已经拿你"爱"的观念在苛责我。

问：你自己也是这么说。

克：先生，有一种社会道德我之所以反对，是因为我知道这社会道德多么荒谬。何谓没有暴力的真正道德？

问：真正的道德不就是控制暴力吗？每一个人身上当然都有暴力。人，所谓高等生命，会控制暴力。自然界永远有暴力。也许是暴风，也许是野兽残杀另一只野兽，也许是树木死亡。暴力到处都是。

克：可能还有一种更高形式的暴力。这种暴力更微妙，更细腻。另外还有一种残暴的暴力。生命整个或大或小都是暴力。我们如果想知道有没有可能跨出这整个暴力结构，我们就必须深入探讨。这就是我们现在在做的。

问：先生，你的"深入探讨"是指什么？

克：我说"深入探讨"，首先指的是检查、探索"实然"。要探索，首先就必须免于任何成见、结论。有了这样的自由，我才拿这个自由来看暴力。这就是我所谓的"深入探讨"。

问：然后会怎样？

克：不会怎样。

问：我发现自己对战争的反应是"我不想打仗"，但是，我实际做的却是避开，住在国外。我避开我不喜欢的人。我避开美国社会。

克：她说"我不是示威者、抗议者，但我不喜欢住在有这一切的国家。我避开我不喜欢的人"，这些都是暴力。让我们稍微注意一下这一点。让我们的心了解这一点。一个人明白了整个行为的模式——政治、宗教、经济，暴力在这个模式中以或大或小的程度发展。他看见了这些，感觉到自己掉进自设的陷阱时，他要怎么办？

问：我能不能说事实上没有什么暴力，有的只是思想使然？

克：喔！我杀了一个人，但因为我想到这件事，所以才是暴力？不，先生，我们在玩文字游戏吗？我们再深入一些好吗？我们已经知道，只要我在心理上强加给自己一个观念或结论，就会滋生暴力。我很残忍，言谈上和感受上我都是，我要求自己说"我不应该残忍"；我知道这就是一种暴力。我怎样才能够处理我的残忍而不另加给自己另外一件东西？我能不能不压抑它而了解它，不逃避，不找替代品而了解它？我很残忍，这是一个事实。这对我是一个问题，再多的解释，说什么应该或不应该都解决不了。这个问题在影响我，我要解决，因为我知道可能有不一样的生活方式。我想根除残忍的时候造成了冲突，因此而造成暴力，于是我就对自己说："我怎样才能够没有冲突地免除残忍？"所以，首先我必须很清楚冲突的含意。如果一种残忍，因为我想去除而造成冲突；这冲突滋生了暴力，我怎样才能够没有冲突地去除残忍？

问：接受残忍。

克：我不知道接受残忍是什么意思。本来就是！我不是接受残忍，也不是否定残忍，说"我接受残忍"有什么好处？我的肤色是棕色的，这是事实。确实是事实，我为什么要支持或拒绝。我很残忍，这是我的事实。

问：如果我知道自己很残忍，我接受这个事实，了解这个事实。但是同时我也害怕自己残忍，担心自己一直残忍下去。

克：是的。我说"我很残忍"。我既不接受这个事实，也不拒绝这个事实。但是另外一个事实是，去除残忍而引起冲突时，就会产生暴力。所以，我必须处理两件事，一个是暴力、残忍；一个是不用力地去除残忍，我要怎么办？我的整个生命都在挣扎、斗争。

问：问题不在暴力，在于形象的制造。

克：那个形象在要求我们，或者我们将形象加之于"实然"——对不对？

问：形象来自对自己真正的生命无知。

克：我不怎么了解你说的"真正的生命"是什么意思。

问：我的意思是说一个人和世界没有隔离。他就是世界，所以他为外界进行的暴力负责。

克：是的。他说真正的生命就是认识自己就是世界，世界就是自己。所以残忍和暴力不是另一件东西，而是自己的一部分。先生，你是这个意思吗？

问：不是。不是自己的一部分，是无知的一部分。

克：你是说有一个真正的自己，又另外有无知？有两种状态，一个是真正的生命，一个是真正的生命为无知蒙蔽。为什么呢？这是印度的旧理论。你怎么知道有一个真正的生命为假象和无知蒙蔽？

问：如果我们知道我们的问题和"两种互相对立之物"有关，所有的问题都会消失。

克：我们要做的，不是用"两种互相对立之物"来思考。我们是在做这种事吗？还是这只是一个观念？

问：先生，二元性不是思想固有的吗？

克：我原先讨论到一点，却又偏离了。我知道，由于种种心理上的原因，我很残忍。这是事实。那么，我要如何不用力而免除残忍？

问：你说"不用力"是什么意思？

克：这一点我以前解释过。我压制，就会用力，这用力会造成矛盾。这矛盾是残忍，而又不想残忍造成的矛盾。"实然"和"应然"之间有了冲突。

问：如果我认真注视，我就不会残忍。

克：我想真正发现，而不是接受种种讲法。我想知道究竟有没有可能免除残忍。有没有可能不压抑、不逃避、不强行用力而免除残忍？我们要怎么做？

问：只要将残忍暴露出来就可以。

克：暴露残忍先要使它出来，使它显现——不是说要更残忍。

我为什么不敢让它显现出来？首先我很害怕它。我不知道如果我让它出来，我会不会变得更残忍。而且，如果我暴露它，我有没有办法了解它？我能不能仔细地——意思是说专注地——注视它？我要做到这一点，必须把我的能量、关心和迫切性都在暴露的这一刻聚集才可以。这一刻，我必须要有想了解它的迫切性，我的心必须没有任何扭曲。我必须要有巨大的能量去看。三者必须在暴露的一刻立即发生。这就表示说，我必须敏感、自由，才能有这巨大的能量、强烈、专注。我要怎样才能有这种紧密的专注？我要怎么做？

问：如果我们真的急切地想了解它，我们就会有这种专注。

克：我了解。我刚刚说："我们有没有可能专注？"请等一下。请先看看这句话什么意思，看看其中牵涉到什么东西。我在这里，我不知道专注是什么意思。我也许一辈子没有专注过什么事物，因为我大部分的生活都漫不经心。然后，你就出来说，"要专注地看残忍"；而我说，"我会"——可是这是什么意思？我如何创造这种专注状态？有没有方法？如果有方法，我可以修炼这个方法而达到专注，这又需要时间。但如果是这样，在修到专注之前，我依然不专注，因此我就会有挫折。因此，一切都必须同时到达才行！

我很残忍。我不压抑，我不逃避。这不是说我决心不逃避。这也不是说我决心不压抑。这意思是说，我了解压抑、克制、逃避都不能解决问题，所以我把这一切摆在一边。我现在有这种聪明，我之所以有这种聪明，是因为我了解压抑、逃避、克服的徒然。我用这样的聪明来检查、注视残忍。我知道要注视残忍，我必须专注；要专注，我必须很小心自己的不专注。所以，我关心的是提防不专注。这怎么说？如果我想修炼专注，我就变成机械化的、愚蠢的。这就没有意义。但是，如果我专注了，或者知道自己不专注，我就开始知道专注如何到来。我为什么对别人的感受，对自己的谈吐，对自己的吃相，对别人的言行不经心？了解反面，我会知道正面——这就是专注。所以我才会检查，努力想了解为什么会不专注。

这个问题很严肃。完全了然"不专注"为何能变成专注？我为何能够以巨大的能量，完全地、立即地了然我内在的残忍，因此了无矛盾、摩擦，因此完全而整体？我为何能够创造这些？我们说，这必须在完全专注时才能可能。但是由于我们的生活都在漫不经心中浪费能量，所以这种完全的专注才不存在。

瑞士撒宁·1969 年 8 月 3 日

第十章
论根本的改变

我们关心的不是看的本身，而是什么在看。那个看的工具是不是污染、扭曲、受折磨、负担沉重？重要的不是看的本身，而是身为看的工具的你。

看的工具是什么

人不曾有很大的改变。我们今天要谈的是人身上根本的革命，而不是对旧生活模式苛责另一种生活模式。我们关心的是我们内在进行的那些事情根本的改变。我们说过，我们和世界并不是两回事。这个世界就是我们，我们就是这个世界。我们所有的讨论所涉及的，就是在我们生命的根源之处创造一种大改变、一种革命、一种突变、一种转变。

昨天我们在问，我们能不能没有任何扭曲——因为想评价、判断，想有所成，想去除"实然"所形成的扭曲——而看清楚自己？评价、判断、想有所成、想去除"实然"，所有这一切都使我们无法清楚地认知，无法准确而紧密地看"实然"。所以我想今天上午我们应该花一点时间来讨论，或一起谈谈"观察"、听、闻之道的本质。我们应该努力寻找究竟有没有可能"看"，完整地看，而不是只用视觉、知识、感情看。究竟有没有可能毫无扭曲地、密切地"观察"？探讨这个问题或许是值得的。究竟何谓"看"？我们能不能毫无扭曲地,纯粹只是"看"地看自己，看自己的基本事实：贪婪、嫉妒、焦虑、恐惧、伪善、欺骗、野心？

我们今天上午能不能用一点时间来学习"看"这一回事？学习是一种持续不断的运动，是不断的更新。学习不是用那些已经学会的来看。我们听别人怎么说，又稍微看看自己，我们就学到一点东西，体验到一点东西。我们就是从这样的学和体验看事物。我们用我们学习到的东西的记忆，用我们的体验来看事物。我们用心中的记忆看事物。所以这不是看，不是学习。学习意味着有一个心随时都在崭新地学习。所以学习永远都是新鲜的。请记住，我们心里关心的不是记忆的培养，而是观察真正发生的事情。我们要很警惕，很专注，这样我们所见所学就不会在看的那一刻就变成记忆，就已经扭曲。每次看的时候都要像第一次看一样！用记忆来看，来观察"实然"，表示这记忆在主宰、塑造、引导你的观察，所以这观察已经扭曲。那么，我们还能从那里起步吗？

我们想知道观察是什么意思。科学家用显微镜观察事物，看得很仔细。他有一个外在对象。他虽然必须用一些知识来看，但他却没有成见。至于我们，我们这里看的却是整个结构，生的整个运动，那个"我自己"的全部存在。我们必须不用知识，不用感情，不用任何对或错的结论，不用任何"必须"或"应该"来看。我们必须先警惕这个评价、判断、下结论的过程，才能观察得紧密。这个过程会妨碍我们观察。

我们关心的不是看的本身，而是什么在看。那个看的工具是不是被污染、被扭曲、受折磨、负担沉重？重要的不是看的本身，而是身为看的工具的你。譬如说民族主义好了。如果我已经有了结论，用这种已经很深的制约来看事情，所谓民族主义的"部落排外性"，显然我就有很深的成见，所以我就看不清楚事情。又如果我原本就怕看，那么这看显然就已经扭曲。又如果我很有企图心，想要悟，想追求更高的地位，这也使我无法清晰地认知。我们必须知觉这一切，知觉看的工具，知觉这工具清晰不清晰。

问： 如果我们看这工具，发现这工具不清晰，我们要怎么办？

克： 请注意听。我们说观察"实然"——基本的自我中心，那些抗拒与受挫折的，那些生气的——观察这一切。然后我们又说注视那观察的工具，看那工具是否清晰。这样，我们已经从诸般事实转移到看的工具。我们检查的是这个工具干净不干净。结果我们发现这个工具不干净。我们怎么办？我们有的是智力的磨炼。以前我只关心观察事实，观察"实然"。我注视事实。但是我现在转移。我说："我必须注视看的工具，看它干净不干净。"这种质疑里面就有智力。你们听懂了吗？所以这里有一种智力的磨炼，心的磨炼，脑的磨炼。

问：这不就表示一个没有分裂、没有制约的意识层次是没有的吗？

克：我不知道这有表示什么，我只是逐渐地移转。这个运动不是支离破碎的运动。这个运动不分裂。以前我没有智慧，所以我会说"我必须改变这件事""我一定不可以改变这件事""一定不可以这样""这好，这不好""应该这样"——就是这些。我用这一切"结论"来看事物，结果毫无结果。现在我知道看的工具必须非常干净才行。所以这是智力的一贯运动，而非片段的状态。我要进行的是这一点。

问：这个智力本身就是能量吗？这个智力如果要依靠另一件东西才成立，它就会熄灭。

克：你不必稍有片刻的烦恼。丢开能量的问题。

问：你已经得到能量，可是我们却还在一步一步改良。永远都是那个东西在驱使。

克：是的。我们进行的不就是改良吗？还是我们的心、脑、整个的存在由于以压力和活动为种种手段而变迟钝了？我们说的是整个生命必须完全清醒。

问：这可有点麻烦。

克：等一下，我会讨论这一点，你会明白这一点。智力没有所谓进化。智力不是时间的产物。智力是一种敏锐知觉"实然"的质素。我们的心很迟钝，而我说"我必须注视自己"，这时就是这迟钝的心在努力注视自己。当然，它显然看不到什么东西。它不是抗拒或排斥，就是顺从。这时这个看的心是受人尊敬的心，中产阶级小格局的心。

问：一开始你说的是道德的意识形态体制，现在你则建议我们观察自己，其他的体系都没有用。这不也是一种意识形态？

克：不，先生。刚好相反。如果你用意识形态——包括我的——来看事情，你就迷失了。这样你就完全没有在看。你有很多意识形态，受尊敬的，不受尊敬的。你用你脑里你心里的这些意识形态来看事物。这些意识形态使你的心、你的脑、你的整个生命迟钝。现在你用这个迟钝的心在看事物。显然，这个迟钝的心，不论它看什么，不论是否沉思，不论是否到了月球，还是迟钝的心。所以，这个迟钝的心在观察事物，然后有一个人走过来说："我的朋友，你很迟钝，你看的事物一样迟钝。因为你的心迟钝，你所看的终不免也迟钝。"这是一个大发现。一个迟钝的心看非常有活力的事物照样会使这个事物变得迟钝。

问：但是这种事物却会一直来找我们。

克：等一下，慢慢来，如果你不介意的话，请你跟着我一步一步来。

问：迟钝的心如果认识到自己的迟钝，它就不是那么迟钝。

克：我不承认！迟钝的心如果认识到自己的迟钝，这将是了不起的事。可是它并不认识。心要不就是因为有学问、有科学素养，因而逐渐磨亮；要不就是因为知道自己迟钝，因而说，"迟钝的心看不清楚事物"。

如果是这样，接下来的问题就是："这个迟钝、被污染的心如何才能够变聪明，然后这个我们借以看事物的工具才变清晰？"

问：你的意思是说，心能够这样问问题，就不再迟钝？我们能用错误的理由做对的事情吗？

克：不。我希望你能放掉你原本的结论，看看我在说什么。

问：不，先生。你来跟我。

克：你的意思就是说，你在努力掌握一件事，这件事可以让迟钝的心变敏锐、清晰。可是我不说这个。我的意思是说，请注视心的迟钝。

问：没有一贯的运动？

克：注视迟钝的心而没有"扭曲"一贯的运动——如何产生这种事？因为是我迟钝的心在注视，所以没有什么东西好看。如果我问自己："心如何才能够聪明一点？"所以会有这个问题是不是因为我将这迟钝的心与另一个聪明的心做了比较，所以才会说："我必须像那样？"你懂吗？这个比较就是在延续那迟钝的心。

问：迟钝的心会拿自己和聪明的心比较吗？

克：心不是一直在和聪明的心比较吗？这我们叫作进化。不是吗？

问：迟钝的心不会比较。迟钝的心会说："我为什么要比较？"换上稍微不同的说法，你也可以说："我们认为，如果我们聪明一点，我们会得到更多东西。"

克：是的，这一样。我发现一件事。迟钝的心会说："我是因为比较而迟钝。因为那个人聪明，所以我迟钝。"这迟钝的心不知道自己迟钝是因为自己迟钝。这两种状态不一样。我因为你聪明而知道自己笨，这是一回事。我没有比较就知道自己迟钝，这又是另外一回事。你是怎样？你是因为比较，所以说"我很迟钝"，还是不经比较就知道自己迟钝，这可能吗？请你稍微想一下。

问：先生，这有可能吗？

克：请你给这个问题两分钟时间。我之所以知道自己肚子饿，是因为你告诉我，还是我自己觉得？如果你告诉我我肚子饿，我可能会有一点饿，可是我不是真的饿。但是，如果我自己觉得饿，我就真的是饿了。所以我必须很清楚我的迟钝是不是比较的结果。这样我才能从这里开始努力。

问：你为什么能够不比较，只关心自己是不是迟钝？

克：因为我看到比较使心迟钝这个真理。在学校里，你拿一个孩子和另一个孩子比较时，你就毁了这个孩子。如果你告诉弟弟他应该像他哥哥一样聪明，你就毁了这个弟弟。不是吗？你关心的不是弟弟。你关心的是哥哥的聪明。

问：迟钝的心会知道自己是不是迟钝吗？

克：我们会弄清楚的。我们下次再讨论吧！今天上午我们能不能再讨论别的事？

问：但是我还有这种冲动。我是自己迟钝还是比较而来这里面有什么道理？

克：我们会弄清楚。请求你听我讲几分钟，不要接受也不要排斥，只要注意你自己就好了。今天上午一开始时我们就说革命必须在生命根源之处，而且，我们只有能够观察自己的实然时，才有可能产生革命。这种观察依靠的是那个看的心的聪明、清晰、开放。可是我们大部分人都很迟钝。我们会说我们看的时候看不到什么东西。我们看见愤怒、嫉妒，除此之外别无其他结果。所以我们关心的是这个迟钝的心，而不是它看的东西。这个迟钝的心说："我应该聪明一点，才能看见一点东西。"所以它已经存有一个"聪明"的模式，然后再努力让自己符合那个模式。可是有一个人过来说："比较会造成迟钝。"于是心就说："这一点我会很小心。我不比较。我只是用比较了解迟钝。如果我不比较，我如何能够知道我迟钝？"于是我就对自己说："我不叫它迟钝。"我完全不用"迟钝"这个字眼。我只是观察"实然"，而不叫它迟钝，因为，我一叫它迟钝，我就给了它名字，也就使它迟钝了。可是如果我不叫它迟钝，我只是观察，我就除去了比较。我就除去了"迟钝"这个字眼，因此剩下"实然"。这不难，不是吗？请你自己看看。现在请你看看怎么样了！看看现在我的心在什么样的地方。

问：我想我的心太慢了。

克：你听我讲就好。我会一步一步，慢慢讲。

我怎么知道我的心迟钝？是因为你告诉我的吗？因为我看了一些异常智慧、复杂、微妙的书吗？因为我见过一些优秀的人，和他们比较过，所以我说自己迟钝吗？我必须弄清楚。所以，我不比较，我拒绝拿自己和别人互相比较。这样的话，我会知道自己迟钝吗？这个字眼会妨碍我观察吗？这个字眼会取代"实然"的地位吗？你了解这一点吗？所以我不用字眼。我不叫它迟钝，我不说它太慢，我不叫它什么。我只找出"实然"。所以我去除了比较。比较最微妙。我的心因为不比较，所以变得很聪明。它不用字眼去看"实然"，因为它知道事物的描述不是事物本身。所以，到底"实然"的事实是什么？

我们可以从这里开始吗？我注视着我的心，我的心注视它自己的运动。现在我要谴责它、判断它、给它评价，然后说"应该这样""不应该这样"吗？这里面有没有什么公式、理想、答案、结论——最后一定扭曲"实然"的？我必须探讨这一点。如果我有什么结论，我就没办法看事物。如果我是道德家，如果我是德高望重的人，如果我是基督徒、吠檀多教徒、"悟者"，我是这个徒或那个徒——这一切都会妨碍我看事物。所以我必须去除这一切。我在注视自己有没有什么结论。所以我的心变得很清晰，然后会问："有没有恐惧？"我注视它，然后说，"有恐惧，有追求安全的欲望，有追求快乐的欲望"等等。我知道只要我事先有什么结论，有什么追求快乐的运动，我就无法看事物。所以我注视自己，发现自己很传统。而我知道传统的心无法看事物。我深深关切的是看事物，这深深的关切告诉我任何事先的结论都是危险的。所以，知觉这危险就是除去这危险，这时我的心才不混淆，才没有事先的结论；不用字眼，不用描述思考，也不比较。这样的心就能够观察事物，而它观察的其实就是它自己。这时必然就要发生革命。这时你就消失了，完全消失！

问：我觉得这个革命并没有发生，今天我努力用你说的方法看我的心，我的心敏锐了。可是明天我照样忘记怎样看我的心。

克：你忘不了，先生。你会忘记蛇吗？你会忘记悬崖吗？你会忘记标明"毒药"的瓶子吗？你忘不了。这位先生问："我怎样清洁这个工具？"我们说清洁这工具就是了解这工具为何迟钝、阴暗、不干净。我们已经讨论过这个工具为什么不干净。我们也讨论过事物的描述不是事物本身，所以不要陷在文字里面。要与事物同行，事物就是给弄迟钝的工具。

问：你用你所说的方法看自己，你当然有所期待。

克：我不期待转变，不期待悟，不期待突变，我无所期待，因为我根本不知道会发生什么事，我只是很清楚一件事：这个看的工具不清晰，这个看的工具涂污了，有裂缝。我知道的就是这些，其他一无所知。我只关心这个工具如何才能够完整、健康。

问：你为什么要看事物？

克：这个世界水深火热。但这个世界其实就是我。我非常苦恼，非常混乱。这一切总得有一个秩序。因为这样，所以我才要看事物。当然，你可能会说："这个世界又没怎样，干吗为它苦恼？你身体健康，有一点钱，有老婆有孩子，有房子，别管它。"这样，当然，世界是不水深火热。可是这个世界不论你喜欢还是不喜欢，都一样水深火热。因为这样，所以我才要看。不是看某些知识的概念，不是某些令感情冲动之事，而是世界水深火热这个事实——是战争、憎恨、欺骗、假象、伪神这一切。认知外在发生的这一切，使我内心清楚。而我说，内在状态就是外在状态，两者为一，不可分。

问：我们又回到起点了。事实是，迟钝的心不知道自己因为比较而认为自己应该不一样。

克：不，完全错误。我不想什么不一样的东西。我只知道工具钝了。因为我不知道怎么办，所以我才寻找，这并不表示我想改变工具。我不想。

问：用什么文字都妨碍看吗？

克：文字不是事物。所以，你在看事物时，如果不把文字摆到一边，它就变得非常重要。

问：我觉得我不同意。我们看事物时，这看的工具有两个部分。一个是知觉，一个是表达。这两部分无法切断。这是语言问题，不是迟钝不迟钝的问题。问题在于语言，在于表达的随机性。

克：你的意思是说，"观察"之中有知觉和表达，而这两者不可分？所以有知觉必然有清晰的表达，有语言的了解，所以知觉和表达绝不可分，永远在一起。所以你的意思就是引用正确的文字非常重要。

问：我说的是"表达"，不是"意图"。

克：我懂——表达。由表达又出现另一个因素——知觉、表达、行动。如果行动不是知觉和表达——用文字表达知觉——就会支离破碎。所以，知觉不就是行动吗？知觉就是行动。我知觉悬崖时，我立刻产生行动。这行动就是这知觉的表达。所以知觉和行动绝不可分。所以理想和行动是不可能在一起的。如果我明白理想的愚蠢，这知觉就是聪明的行动。所以，注视迟钝，知觉迟钝，就是清洁迟钝的心，这就是行动。

瑞士撒宁·1969 年 8 月 6 日

第十一章
看的艺术

矛盾造成伪善。我很生气，可是我的理想说"不要生气"。于是我压抑、克制自己去符合、接近这个理想。于是我便一直在冲突、伪装。理想主义者就是伪装的人。这种分裂里有冲突。

永不间断的知觉·虎追虎

　　我想，了解"观察"，了解"看"的本质和美很重要。心只要还受到扭曲——受到神经作用、感情、恐惧、悲伤、健康状况、野心、做作、追求权力等的扭曲——就无法听、看、注视。听、看的艺术不是培养得来的，不是进化或逐渐成长的问题。我们感受到危险时会立即产生行动。这是身体的记忆本能的、当下的反应。我们从小就一直受这种制约来应付危险。我们的心若不立即做这种反应，人身就会毁灭。所以，我们今天要讨论的是，我们有没有可能只是"看"就采取行动而不是由于什么制约。我们的心能不能够对任何扭曲都自由而立即反应，从而采取行动？知觉、行动、表达是一体的，三者不可分。看就是行动，行动就是看的表达。知觉到恐惧时，因为很紧密地观察这个恐惧，所以就免除了恐惧——这就是行动。今天上午我们能不能讨论这些？我想这一点很重要，因为我们可能因此而看清一些未知之事。但是，不论如何都深受恐惧、野心、贪婪、绝望等心情扭曲的心，是不可能看清任何事情的。要能够看清事情，生命必须健康、平衡、和谐才可以。

　　所以，我们的问题就是，心（意指整个生命）能不能够认知某种"倒错"、某种挣扎、某种暴力？看见这些，才能结束这些——立即地而非逐渐地结束。这表示不让时间在知觉和行动之间发生。如果你不中断地注视危险，行动就立即产生。

我们已经习惯一个观念，那就是，我们借着一天天的注意，一天天的修炼，将逐渐智慧起来，逐渐地悟。我们习惯这个观念，这是我们的文化的模式，也是我们的制约。但是我们现在要说，这个心免除恐惧与暴力的逐步过程适足以加深恐惧，增强暴力。

终止暴力（不只终止外在的暴力，也终止生命深处的暴力），终止侵略心，终止权力的追求可能吗？完全看见这些东西的时候，我们能不能不让行动发生而终止这一切？今天上午我们是否讨论这一点？通常的情形我们会让时间进入看和行动之间的空隙，这就是实然与应然之间的耽搁。这里面有一种欲望，想去除实然，而达成或变成另外一种东西。我们必须了解这种时间的间隔。我们一向用这种方式来思考事物，因为从小别人就灌输我们，教育我们，说我们渐渐地，到最后，终将成为某种东西。就外在而言，我知道在技术上时间是必要的。若非经年累月的练习，我不可能成为一流的木匠、物理学家、数学家。我们有可能很小的时候，就有一种"清楚"——我不喜欢"直觉"这个字眼——能够看清一个数学问题。但是我们知道，学习技术或语言所需的记忆，绝对需要时间的培养。我不可能明天就会说德语，我需要好几个月。电子我一点都不懂，要学电子我需要好几年。所以，请不要把学习技术所需的时间和干涉知觉行动的时间混为一谈。

问：我们要不要谈一谈小孩子，谈一谈成长？

克：小孩子必须成长。他必须学很多东西。我们说"你必须成长"时，这是一句贬损的话。

问：先生，我们内在心理确实有一种部分的改变。

克：当然！我一直很生气，或者我们现在就很生气。可是我们说"我不应该生气"。我们逐步地努力，造成一种部分的状态是我们有一点不生气，有一点不恼怒，有一点克制。

问：我不是这个意思。

克：那你是什么意思，夫人？

问：我的意思是，原先你有一种东西，但是后来把它丢了。其中可能有一点东西互相混淆，你已经不一样了。

克：是的。可是这混淆难道不是一直都一样，顶多只有一点修正而已吗？这里面有一种不断的修正。你可能历经依赖的痛苦、孤独的辛酸，而后不再依赖某人，你说"我不再依赖"。这时你可能真的能扬弃这个依赖。所以你说确实已经有了某种改变，下一次的依赖是不一样的。但是你又开始努力改变，然后又扬弃一次。我们现在要问，我们有没有可能看清依赖的本质，因而立即——而非逐渐——像遭遇危险而采取行动一样地去除依赖。这是一个非常重要的问题，我们非但要在口头上讨论，而且要深入地、内在地讨论。请注意其中的含意。整个亚洲都相信转生。转生的意思就是说我们会依据这一生过得怎么样重生到来生。如果你这一生残暴，有侵略性、破坏性，你就要在来生为此付出代价。你也不一定会变为禽兽，你仍然可能生而为人，可是却活得很痛苦、很败坏。因为你前世没有过美好的生命。但是，那些相信转生的人，都只相信字义，而不曾了解字面下深刻的意义。你"现在"所作所为无限地关乎明天，因为，明天——就是来世——你将为今天付出代价。所以，"逐渐获致不同状态"的观念东西方皆然。同样都有时间这个因素，都有"实然"与"应然"。获致应然需要时间，时间就是用力、集中、注意。我们由于不注意或不集中，才会一直用力练习注意——这就需要时间。

必然有一种方法可以处理这个问题。我们必须了解认知——看与行动。两者不是互相隔离，两者不可分。我们必须平等地探讨行动，探讨"做"这个问题。何谓行动？何谓做？

问：没有知觉的盲人如何行动？

克：你有没有尝试过戴着眼罩活一个星期？我们试过，为了好玩。你知道，你会发展出别的感觉。你的感觉会变得很敏锐。你还没有走到墙壁、椅子、桌子之前，你就知道它在那里。但是，我们谈的却是我们对自己的盲目，内在的盲目。我们很清楚外在的事物，可是内在的事物我们却很盲目。

何谓行动？行动是否永远根据观念、原理、信仰、结论、希望、绝望而行？我们如果有观念，有理想，我们就会努力符合那个理想。这时理想和行动之间就有了间隔。这间隔就是时间。"我应该成为这个理想"——将自己等同于这个理想，这个理想最终会采取行动，让理想和行动之间没有间隔。有这个理想，又有这个趋近理想的行动时，这其中发生了什么东西？这个时间间隔当中发生了什么事？

问：不断的比较。

克：是的，比较着一切这一类的事情。如果你用心观察。这里面会有什么行为？

问：忽略现在。

克：还有呢？

问：矛盾。

克：是矛盾。矛盾造成伪善。我很生气，可是我的理想说"不要生气"。

于是我压抑、克制自己去符合、接近这个理想。于是我便一直在冲突、伪装。理想主义者就是伪装的人。这种分裂里有冲突。除此之外还会产生其他因素。

问：为什么我们无法记住前生？如果能够，我们的进化就容易多了。

克：会吗？

问：我们能够避免错误。

克：你所谓前生是指什么？指昨天的生命？二十四小时前的生命？

问：最新的一次转生。

克：那是一百年前吗？为什么会让生命比较容易？

问：我们会比较了解事情。

克：请你一步一步听着。你所为或所不为，你一百年前的苦恼，你都会有记忆。那就和昨天一样。昨天你做了很多事情你喜欢或后悔。这使你痛苦、绝望、悲伤。这一切你都有记忆。你有一千年前的记忆。基本上那也和昨天一样。那将在今天降生的，我们为什么叫作轮回，而不叫作昨天的转生？想想，我们之所以不喜欢，是因为我们自认是超凡的生命，我们有的是时间成长、爱、转生。那你从未注意的轮回到底是什么东西——那是你的记忆。这轮回无所谓神圣。你昨天的记忆在今天的所作所为中出生。昨天控制着你今天的所作所为。一千年的记忆通过昨天和今天也在发生作用。所以我们有的是过去——不断在重生。但请不要以为这是脱出重生的方法，不要认为这是一个解释。我们如果明白记忆的重要和它的极端徒然，我们就不会再谈什么轮回。

我们问的是何谓行动。行动能够自由、自发、立即吗？或者行动永远都受时间的拘束吗？

问：我曾经看猫捉老鼠。猫不会想说"那是老鼠"。它会本能地立即去捉老鼠。对我而言我们似乎也应该如此。

克：不要"我们应该"。先生，拜托。我想只要我们从根本上了解时间，我们就绝不会再说"我们应该""我们必须"。我们自问——不是口头上、知识上，而是深深地从内心问——何谓行动？行动永远都受时间拘束吗？行动由于出之于记忆，出之于恐惧，出之于绝望，所以永远受时间拘束。那么，到底有没有一种行动是完全自由，所以免于时间的拘束？

问：你说我们看见蛇就会马上行动。可是蛇却随着行动而成长。生命不是那么简单的。我们有的不只是一条蛇，而是两条蛇。这就变成数学问题。这时时间就进来了。

克：你是说我们活在老虎的世界，我们碰到的老虎不只一头，而是披着人皮的很多老虎。这些老虎只顾追求自己的快乐，很残暴、贪婪。活在这样的世界，你需要时间去杀掉一头又一头的老虎。这老虎就是你自己——在"我"之内。我里面有十几头老虎。于是你说，要驱逐这些老虎，一头一头地驱逐，你需要时间。这就是我们一直在探询的问题。我们认为，要杀掉我内在一条又一条的蛇需要时间。这个"我"就是你——你和你的老虎，你的蛇。这一切也是"我"。然后我们说，为什么要杀掉我们内在一只又一只的禽兽？我里面有几千个我，有几千条蛇。我杀掉这些蛇时，我也就死了。

所以，到底——请注意听，不要回答，只要寻思——有没有方法可以立即驱逐这些蛇？不是逐渐地驱逐？我有没有办法看清楚这一些禽兽的危险，看清楚我内在这一切矛盾的危险而一举免除之？如果我没有办法，我就没有希望。我什么事情都可以假装，可是如果我没有办法立即扫除我内在的一切，那么，不论我来生是否转生，是否转生一万次，我永远都是奴隶。所以我必须找到一种行动，一种看的方式，使我在知觉的那一刹那，立即了结那条龙，立即了结我内在那一只猴子。

问：做啊！

克：不，夫人，拜托。这个问题真的不寻常，光是说"做"或"不做"是不够的。这个问题需要深入地探索，不要告诉我你已经找到答案或你应该这样做、那样做。这我没有兴趣，我只想寻思。

问：但愿我看得到！

克：不要"但愿"。

问：如果我感觉到某种东西，我应该形诸文字或者放在心里就好？

克：我们刚刚说的话很简单，你为什么要把它改变成你自己的话？你为什么不明白我们刚刚说的话？我们内心有很多禽兽，很多危险。我能不能用一次的知觉——"看"——当下一举免除那一切？夫人，你可能已经做到了。我不问你是否做到了，这在我有一点唐突。可是我要问：这有没有可能？

问：行动有两个部分。内在的、判断的部分是立即发生的。行动对外则需要时间。判断意味着内在的行动。衔接这两个部分需要时间。这是语言问题、传导问题。

克：先生，我了解。有一个外在的行动需要时间，另外有一个内在的行动是知觉兼行动。这内在的行动，连带它的知觉，决定行动并立即行动；和另外一个需要时间的行动如何衔接？我这么说清楚不清楚？

如果我可以指明的话，我认为这衔接不需要时间。两者之间没有所谓的衔接。我会让你明白我的意思。我很清楚从这里走到那里需要时间，学习语言需要时间，做任何身体的事情都需要时间。可是，内在需要时间吗？如果我了解时间的本质，我可以正确地处理外在世界的时间，但又不让它干扰我内在的状态。所以我不从外在开始，因为我知道外在需要时间。可是我在问我自己：内在的知觉、决定、行动到底需要不需要时间？所以我就问我自己："'决定'到底有没有必要？"决定是时间的一瞬间，一个点，一秒钟。"我决定"意味着有一个时间因素。决定依据意志和欲望而行；这一切都含有时间。所以我要问：为什么"决定"总是要进来？这决定是不是我的制约的一部分，而这个制约在说："你要有时间才行。"

所以，有没有一种没有决定的知觉与行动？这就是说，我认知了我的恐惧，这个恐惧是由思想，过去的记忆、经验，由昨天的恐惧转移到今天造成的。我了解恐惧的整个本质、结构、内在性。看清恐惧而不带任何决定就是免除恐惧。这有没有可能？不要说有，说我做到了，有人做到了——这不是要点。这个恐惧能不能在生起的刹那即消除？我们有种种肤浅的恐惧，这就是恐惧的世界。这个世界到处都是老虎。这些老虎——我的一部分——会破坏事情。所以，我——老虎的一部分——和其他老虎之间有战争。

思想也会造成内在的恐惧：心理上没有安全感、不确定。思想滋长快乐，思想滋长恐惧，这些我都看见了。我看见恐惧的危险一如我看见蛇的危险、悬崖的危险、深水的危险。我完全看清这些危险。这个看，就是结束恐惧，没有稍稍一秒钟决定什么的耽搁。

问：有时候我们了解恐惧，可是恐惧还是在。

克：这一点我们要很小心。首先，我并不想去除恐惧。我想的是表达恐惧，了解恐惧；让恐惧流动，让它来，让它在我心里爆发。我对恐惧一无所知。我只知道我恐惧。我现在想知道的是，我的恐惧到达什么层次，有多深。是在意识上，或者我生命深深的根源之处？还是在洞穴里，在我的心未经探索的领域？我想知道。我想要它出来，要它暴露。所以，我要怎么做？我不要逐渐地做，你了解吗？它必须全部从我生命中出来。

问：假设有一千头老虎，如果我坐在地上我就看不见；但是如果我坐在高一点的地方，我就能够处理。

克：不要"如果"。"如果我会飞，我就能够看到地球的美丽。"可是我不会飞，我在这里。我想这些理论性的问题恐怕没有什么价值，而我们显然也不了解这一点。我肚子饿，可是你们却用理论来喂我。这是一个问题，请务必注意；因为我们每个人都有恐惧，每个人都恐惧这个或恐惧那个。我们有很多深刻的、隐藏的恐惧。我也很清楚一些粗浅的恐惧，恐惧的世界；害怕失去工作，害怕失去这个失去那个——失去妻子，失去儿子。我怎样才能够，这个心怎样才能够立时暴露这一切？你觉得呢？

问：你是说我们一劳永逸永远赶走这头野兽，还是说我们必须每一次都出猎？

克：你说，你认为我们能够一劳永逸永远赶走野兽，不让它隔天又跑回来，而我们要每天追赶。这是我们要说的。我不想一直追赶野兽。所有的学校、圣人、宗教、心理学家都在说：慢慢把它赶走。这对我毫无意义。我想知道怎样赶它才会让它永远不要回来。它回来时我知道怎么办，我不让它进屋子。你了解吗？

问：现在我要给这野兽真正的名字：思想。思想如果回来，我们知道怎么办。

克：我不知道，我们看着办。你们都这么地渴望！

问：生命就是这样，我们必须渴望！

克：渴望解答。我们当然必须渴望。这个题目很难。你不能随便几句话就讲完。这个题目要很小心。

问：我们为什么不现在就来做知觉？

克：我正要提议。

问：如果我看着你，会怎样？首先会有一个你的呈现。请你看着我。最先发生的就是视觉上呈现了我，对不对？然后会怎样？会有一些关于这些呈现的思想存在。

克：这就是刚刚这位女士说的。这是同样一件事。思想就是这只野兽。请你们紧追这只野兽，现在，不要说这只野兽是思想、自己、我、恐惧、贪婪、嫉妒，然后再回到这野兽的另一种形容词；我们说这野兽就是这一切。我们知道这野兽不能够逐渐赶出去，因为它永远会变成另外一个样子回来。不论如何请了解，这样一直追赶野兽，它一直回来，然后我们一直再追赶，这一切多么愚蠢。我想知道我们有没有可能永远赶掉它，使它不再回来。

问：我有自己不一样的作用，不一样的加速度。如果情况是一个作用追逐另一个作用，就完全不会有什么事情。譬如说，如果感情追逐观念。所以，我们必须同时观照这一切作用。

克：你讲的是同一件事，只是讲法不同而已。

问：你你自己刚刚要解释。你自己说你完全不想驱除恐惧。

克：首先，我刚刚说我不想驱赶这只野兽，我不想赶它走。我拿起皮鞭，戴上手套之前，我想先知道赶它的是谁。因为，赶它的也许是一头更大的老虎也不一定。所以我才对自己说，我不想赶它。请了解这一点的重要！

问：赶它可能就是你最终的死刑。

克：不，我不知道。先生，慢慢来，让我说明。我以前说我赶这只野兽；我想知道赶它的事体是什么人。现在我说，那可能是一只更大的老虎。如果我想赶走所有的老虎，那么，让一只大老虎来赶小老虎就没有好处。所以我才说，等一下，我不想赶走什么东西。请你看看我心里有什么事情发生。我不想赶走什么东西，可是我却想注意，我想观察，我想知道是否有一只大老虎在追一只小老虎。

所以我现在很清楚，我不要赶任何东西。我必须排除这个驱赶、克服、支配某种东西的原理。因为，"我必须赶走那只小老虎"的决定可能会变成大老虎。所以我们必须全然停止所有的决定，停止所有驱赶什么东西的欲望。这样我才能够注视。这样我才能对自己说："我什么东西都不赶。"这样我就免除了时间的负担，而时间正是一只老虎追另一只老虎，其中会有时间的间隔。所以我才说："我什么事都不做，我不追赶，我不行动，我不决定。我应该先看。"

我在看——不是我的自我，而是我的心在看，我的脑在注意。我看到许多只老虎，看到母老虎和公老虎和小老虎，我看到了这一切。可是我的内在一定还有更深刻的东西，我要这个东西全部暴露出来，我要借行动将这个东西暴露吗？我越来越生气，然后平静下来。一个星期之后，我又开始生气，然后又平静下来？或者说，有没有一种方法能够完整地看所有的老虎——小老虎、大老虎、刚出生的老虎？我有没有办法一次完整地看所有的老虎，因而了解整件事情？如果我办不到，我的生活将回到老路，回到以往中产阶级的生活方式。就是这样，所以，如果你们已经知道怎么"听"，今天上午的讨论就结束了。你们还记得那个师父每天上午对徒弟讲话的故事吗？有一天他登上讲台时，飞来了一只小鸟。这只小鸟趴在窗台上唱歌，师父就让它唱歌。鸟唱完之后就飞走了，于是师父就对徒弟说："今天的讲话结束了。"

瑞士撒宁·1969 年 8 月 7 日

第十二章
看穿未知

登陆月球是客观的，我们知道向哪里走。可是，内在之旅，我们却不知道往哪里走。所以我们内心不安、恐惧。可是，如果你事先已经知道自己要去哪里，你永远都无法看穿未知，你将永远不可能发现真正永恒的事物。

压抑·由安静而出的行动·航进自己·虚假的旅程与受保护的"未知"

我们讨论过如何将我们内在的兽栏摆到一边。我们之所以要讨论这些，是因为我们知道——至少我知道——我们必须看穿未知事物。因为，任何一个好的数学家、物理学家，乃至于艺术家，如果不想任由自己随感情和想象随波逐流，就必须深究未知。至于我们这些寻常人，我们有我们日常的问题。我们同样也需要用深刻的理解力。我们同样也需要看穿未知事物。一个永远在追赶自己发明的野兽、恐龙、蛇、猴子的人会有种种的问题和矛盾。我们就是这种人，所以我们无法看穿未知事物。我们是寻常人，没有非凡的智力或伟大的"眼力"。我们过着单调、丑恶的生活。所以我们关心的是如何立即改变这一切。这是我们要考察的。

人会随着新发明、压力、新理论、新的政治状况而改变。所有这一切都会造成某种改变。可是我们要谈的是生命根本的、基本的革命，以及这种革命是逐渐发生还是顿时发生。昨天我们讨论的是这种革命逐渐地发生，这种革命的距离感、时间感，以及跨越这个距离所需的力气。我们说，人努力了几千年，可是无论如何，除了少数人之外，总无法有根本的改变。所以，我们有必要来看看我们，我们每一个人，所以也就是整个世界——因为这个世界就是我们，我们就是世界，两者不可分——

到底能不能够一举扫除所有的劳苦、愤怒、憎恨、敌意。我们制造这一切，心里怀着痛苦。痛苦显然是我们最常有的东西。那么，知道了痛苦的原因，明白了整个痛苦的结构之后，我们能不能一举扫除痛苦？

我们说过，这必须要有观察才有可能。心如果能够很紧密地观察，那么这观察本身就是一种结束痛苦的行动。此外我们也讨论过何谓行动。行动有没有一种自由的、自发的、非意志的行动？行动根据的是不是我们的记忆、理想、矛盾、疼痛、痛苦等等？行动是不是一直努力使自己符合理想、原理、模式？我们说过，这种行动完全不是行动；因为，这种行动制造了"实然"和"应然"间的矛盾。你只要有理想，你的"实然"和"应然"之间就有距离要跨越。这个"实然"可能经年累月存在，甚至如很多人认为的，一次一次转生，直到你达到那完美的乌托邦为止。我们也说过，昨天会转生到今天，不论这个"昨天"是好几千年，或者只是二十四小时皆然。这个转生，只要我们的行动还依据过去、现在、未来——我们的"实然"——的分裂，就一直在进行。我们说，所有这一切都会造成矛盾、冲突、悲伤。这不是行动。知觉才是行动。你面临危险，知觉危险就是行动，然后你会立时行动。我想我们昨天讨论到这里。

有时候我们会遭遇很大的危机、挑战、痛苦。这时我们的心由于受到震惊，反而异常平静。我不知道你们有没有观察过，傍晚或清晨看见远山，山顶有异常的光照在上面，那阴影庞大、神奇，有着深深的孤独感。你看见这一切，可是你的心却无法照单全收。因为这个时候你的心很平静。可是要不了多久心就会恢复，然后又开始依照它的制约，依照它自己的问题来反应。所以，我们心确实会有完全安静的一刻，可是这绝对安静的一刻总无法持久。震惊会产生平静。我们大部分人都可以由巨大的震惊当中知道这种绝对的安静。可能是由于意外而在外在产生，也可以由人为力量在内在产生。这人为力量包括禅宗的喝问，某种冥想，某些静心的方法——显然幼稚的方法。我们说过，就我们讨论过的那种"知觉"而言，一个能够知觉的心，这知觉本身就是行动。心要知觉，就必须完全安静，否则就看不到什么东西。我如果想听你说什么，我必须安静才可以。任何飘浮不定的思想，对你的话的任何解释，任何抗拒，都会妨碍真正的听。

所以，心如果想真正地听、观察、看，就必须非常安静。任何一种震惊，或者吸收什么观念，都无法产生这种安静。小孩子沉浸在玩具中很安静。他在玩。可是这是玩具吸引了他的心，是玩具使他安静的。吃药，做任何人为的事情，都会有这种沉浸在某种事物——图画、意象、乌托邦——之中的感觉。但是真正的安静只有在了解所有的矛盾、错乱、制约、恐惧、扭曲之后，才会到来。我们要问的是，我们有没有办法一举扫除这些恐惧、悲伤、混乱，因此让我们的心安静地观察、参透？

我们到底有没有办法做到这一点？你到底有没有办法完全安静地注视自己？心活动时，会扭曲自己所见。这时心会翻译、解释，它会说"我喜欢这个""我不喜欢这个"。心会非常激动，很有感情。这样的心看不到事情。

所以我们要问，我们这样的平常人有没有办法做到这一点？不论我是怎样的人，我能不能看着自己，知道"恐惧""痛苦"这种字眼是危险的，而且会妨碍我们真正看见"实然"？知道语言的陷阱之后，我还能不能观察事情？能不能不让时间感——"达成"什么事的感觉，"去除"什么的感觉——干涉它，而只是安静地、专注地观察？我们将在那种专注状态中发现原先隐藏的道路，原先未发现的通路，其中有的只是知觉，而没有任何分析。分析意味着时间，而分析者就是被分析者。分析者和被分析者有别吗？如果没有，分析就没有意义。我们必须清楚这一切。扬弃这一切——时间，分析，抗拒，企图跨越、克服等——因为通过这一道门是永无休止的烦恼。

我们听过这一席话之后是否就做得到呢？这个问题非常重要。没有所谓"如何做"的问题。没有谁会告诉你该怎么办，没有谁会来把必要的能量给你。要观察需要大能量。安静的心就是毫无浪费的全部能量，否则就不安静。我们能不能用全部的能量完整地看着自己，因而使这个看就是行动，因此也就是结束（矛盾、痛苦等）？

问：先生，你的问题是不是也一样没有道理呢？

克：我的问题没有道理吗？如果我的问题没有道理，为什么你们都坐在这里？只是为了听一个人讲话的声音，听溪水流过，在群山和草地之间中度假？你们为什么不去？这么难吗？这是脑筋聪明不聪明的问题吗？还是你们一辈子未曾真正观察过自己，所以你们认为这个问题没有道理？房子失火我们都必须想办法灭火。你不能说，"这没有道理，我不相信，我没有办法"，然后坐在那边看着它烧！你要做的事和你以为的"应然"无关，而是和事实有关。事实是房子在烧。你在消防车到达之前也许无法把火扑灭，可是同时——其实完全没有所谓"同时"这一回事——你必须针对火灾而行动。

所以，你说这个问题没有道理，好像要把鸭子装进瓶子里一样困难，没有道理，这表示你不知道房子起火了。我们为什么不知道房子起火了？

房子指这个世界。这个世界就是你，有你的一切不满，一切你心里发生的事，一切外在世界发生的事。如果你不知道这一点，你是为什么不知道？是因为不聪明，没有读很多书？是因为不敏锐，所以不知自己内在的事情？不知道真正发生的什么事？如果你说"抱歉！我不知道"，那么你为什么不知道？你肚子饿你知道，有人侮辱你你知道。别人恭维你，或者你想满足性欲时，你很清楚。可是你却在这里说"我不知道"。所以我们怎么办？依赖别人的刺激和鼓励吗？

问：你说我们必须突变，要做到这一点必须注意自己的思想和欲望，而且必须一举完成一切。我曾经做到过一次，可是我却没有任何改变。如果我们照你的话做，那是一种永久状态，还是必须有规律地做，每天做？

克：这个知觉即知即行，是做了就一劳永逸，还是必须每天做？你觉得怎么样？

问：我想听音乐可以做到这一点。

克：所以音乐变得和药一样必要，不过音乐比较令人尊敬就是了。问题是，我们是要每一天每一分钟都注意呢，还是有一天完完整整地注意了，于是整个事情结束？是不是只要我完全看见整件事，我就可以安心地睡觉了？你不了解这个问题吗？我想，我们恐怕是必须每天注意，不眠不休。你要很清楚，不但清楚别人的恭维、侮辱，自己的愤怒、绝望，而且要清楚你身边、你心里任何时候的一切事情。你不能说："我已经完全悟了，任何事情都碰不得我。"

问：你在这个知觉，或了解事情的这一刻，这一分钟里，难道你没有在克制因侮辱而来的愤怒吗？这个知觉其实是不是就是在克制愤怒？

你不是反应而是知觉，只是这知觉就是在压抑这反应。

克：我彻底讨论过这个问题，不是吗？我有一个"不喜欢"的反应。我不喜欢你，于是我注意这个反应。你只要很专注，这个反应就会揭露我所受的制约以及教养我的文化。只要我一直注意，不眠不休，只要我的心一直注意那些暴露出来的事物，就会揭开很多很多事情，这样就完全不再有压抑这个问题。我很想看看到底有什么事情。我不想知道如何超越我的反应。我想知道我的心是否能看，是否能知觉"我""自我""自己"的结构。在这种关注之中，可有任何压抑存在的余地？

问：有时候我会感觉到一种安静的状态。这种安静能够产生行动吗？

克：你是说这种安静能不能一直保持、延续下去是不是？

问：我能够照常生活吗？

克：安静状态中能不能有日常活动？你们都在等我回答这个问题。我有一种成为口谕的惶恐，因为我所在的位置正好使我没有这种权威。问题是，安静的心能不能每天照常活动？如果将日常生活与平静、乌托邦、理想——亦即安静——分开，两者就永不相接。那么我能不能一直把这两者分开？我能不能说这是我的日常生活，这是世界，而另外这个是我所体验的安静，我摸索到的安静？我能不能将这个安静转化到日常生活？你不能。但是，如果这两者并不相互分离——右手就是左手——两者之间，安静与日常生活之间很和谐，有一种统一，那么我们就永远不会问："我能够在安静中活动吗？"

问：你说的是密切地警觉、密切地注意、密切地看。我们能不能说，主要就是这密切，这个警觉才有可能？

克：我们基本上都是很密切的，这种密切是深刻的、基本的，不是吗？

问：走上这种密切并非由于这密切本身的缘故，而是由于一种热情。不过这密切好像是一种很大的必要。

克：我们都已经有了。对不对？

问：也对，也不对。

克：先生，我们为什么假定这么多事情？我们难道不能去检查一趟，而不必"知道"什么事吗？走这一趟，走进自己里面，而不知善恶，不知对错，不知应然；只是走一趟，不带有任何负担。难道不行吗？走一趟内心而没有任何有负担的感觉，这是最难的事。一开始走，你就开始发现事情，你不必一开始就说"应该这样"，"必须这样"。这种事显然最难，我不知道为什么。各位先生，请注意，这种事谁都帮不了忙。包括我在内。这种事我们不能对谁有信仰，我也希望你们谁都不要相信。没有谁是权威，可以告诉你们事情是怎样，应该怎么样，走这边不走那边，小心陷阱等等——这些全部都不会标示出来给你——你完全是自己一个人在走。你做得到吗？你说："我做不到，因为我害怕。"如果是这样，那就带着恐惧，深入恐惧，完全了解恐惧。忘掉你的路程，忘掉权威，检查这个叫作恐惧的东西。你之所以恐惧，是因为你没有人可以依靠，没有人告诉你该怎么办，是因为你可能犯错。不过，犯了错误，你就观察这个错误，你就立刻跳出来。

在你独自一个人走的时候发现事物。这里面的创造比画画、写书、表演、沐猴而冠更伟大。这里面有更强——如果我可以这么说的话——

的兴奋、更大的……

问：提升？

克：喔，不要提出这个字眼。

问：只要过着日常生活而不引进观察者，其中的安静就不会有谁来打扰。

克：这是唯一的问题。可是这观察者总是在玩诡计，总是投下黑影，造成另一个问题。所以我们才要问能不能做一次内在之旅，不事先"知道"什么事，随走随发现事物。发现自己的性欲、渴望、意图。这是伟大的历险，比登上月球还伟大。

问：可是这就是问题。他们上月球时知道自己要干什么，知道方向。可是我们内在没有方向。

克：这位先生说，登陆月球是客观的，我们知道向哪里走。可是，内在之旅，我们却不知道往哪里走。所以我们内心不安、恐惧。可是，如果你事先已经知道自己要去哪里，你永远都无法看穿未知，你将永远不可能发现真正永恒的事物。

问：有没有可能不借师父之助，而完整地、当下地知觉？

克：我们一直在谈这一点。

问：刚刚那个问题还没有讲完。这确实是一个问题，因为我们知道自己要去哪里。我们想要快乐，不要未知事物。

克：是的，我们都想掌握快乐的裙带。我们都想掌握已知事物。我们想带着这一切展开行程。可是，你爬过山没有？你背得越重，就越难爬。即使是爬小山也很难。如果要爬山，你必须自由一点才行。我并不知道困难在哪里。我们想带着自己所知的一切——耻辱、抗拒、愚昧、快乐、提升——上路。你说"我要这一切上路"时，本来你是要到某一个地方，而不是要去你所携带的这一切里面。你的行程是在想象中，是在非实在界中。但是你现在却是要走进这一切已知事物里面。你要进入你已知的快乐、绝望、悲伤。走进这个行程，这个行程即是你所有的一切。你说"我想带着这一切走进未知，将未知加于其上，加入更多的快乐"。或许是因为太危险了，所以你其实是在说"我不想去"。

瑞士撒宁·1969 年 8 月 8 日